本书由国家社会科学基金一般项目“AI 时代中国公民道德选择能力定性与定量研究”（编号：21BKS165）、贵州省哲学社会科学联合会重点项目“物联网技术下数据确权与数据资产管理研究”（编号：GZLCZB-2023-16-1）、贵州省科学技术协会重大项目“贵州实施数字产业强链行动的重难点及抢占发展高地策略研究”（编号：GZKX2023ST002）资助出版

科学技术哲学视野下数据确权与数据资产管理研究

潘 军／著

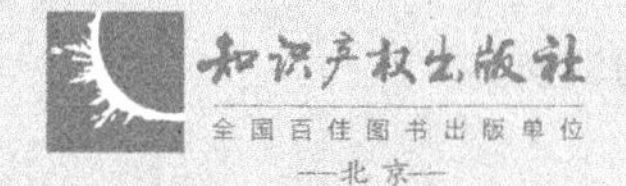

知识产权出版社
全国百佳图书出版单位
—北京—

图书在版编目（CIP）数据

科学技术哲学视野下数据确权与数据资产管理研究 / 潘军著 . — 北京：知识产权出版社，2024. 8. — ISBN 978-7-5130-9208-1

Ⅰ . TP274

中国国家版本馆 CIP 数据核字第 2024X3W042 号

内容提要

本书从分析数据确权与数据资产管理的发展与现状出发，寻找制约其发展、应用的突出短板、障碍和痛点，再以问题为导向从价值与发展、方法与技术、技术与工程、数聚与智能等四个维度尝试解决问题，构建数据确权与数据资产管理的实现策略，并进一步总结论证其理论范式和实践范式，为加深人们对大数据的认识及未来大数据的融合应用提供更有价值的参考。

本书适合数据研究者、从业者及对数据研究感兴趣的读者阅读。

责任编辑：王志茹　　　　**责任印制**：孙婷婷

科学技术哲学视野下数据确权与数据资产管理研究

KEXUE JISHU ZHEXUE SHIYE XIA SHUJU QUEQUAN YU SHUJU ZICHAN GUANLI YANJIU

潘　军　著

出版发行：	知识产权出版社有限责任公司	**网　　址**：	http：//www.ipph.cn
电　　话：	010-82004826		http：//www.laichushu.com
社　　址：	北京市海淀区气象路 50 号院	**邮　　编**：	100081
责编电话：	010-82000860 转 8761	**责编邮箱**：	laichushu@cnipr.com
发行电话：	010-82000860 转 8101	**发行传真**：	010-82000893
印　　刷：	北京中献拓方科技发展有限公司	**经　　销**：	新华书店、各大网上书店及相关专业书店
开　　本：	720mm × 1000mm　1/16	**印　　张**：	15.75
版　　次：	2024 年 8 月第 1 版	**印　　次**：	2024 年 8 月第 1 次印刷
字　　数：	221 千字	**定　　价**：	96.00 元

ISBN 978-7-5130-9208-1

序

潘军曾在中国科学院大学哲学博士后流动站从事研究，具体工作主要是在清华大学天津电子信息研究院博士后工作站开展的。这项工作为他从事跨学科研究创造了良好的条件。本书就是在这项工作的基础上逐步完成的。

众所周知，随着大数据分析技术和人工智能的飞速发展，数据不仅成为一种资产，而且正在成为越来越重要的资产，甚至被称为数字经济时代的“石油”。结合科技哲学、科技管理及科技社会学领域相关研究成果，潘军多年来致力于探究人工智能和大数据分析技术相关的哲学与伦理治理问题，已经发表多篇相关学术论文。《科学技术哲学视野下数据确权与数据资产管理研究》一书集成了他在数据确权与数据资产管理领域的系列研究成果，充分体现了他的学术敏感性、学术热忱和独特认识。

数据确权与数据资产管理是大数据分析技术发展到一定程度的必然产物。长期以来，数据只是人与人之间、人与物之间沟通的一种媒介，人类还缺少汇集、处理各类数据的技术手段和统一的平台。到了大数据时代，人们开始具备集中处理海量数据的技术能力和平台，能够基于数据分析技术不断推动信息的产生与汇聚，进而获取对数据价值的垄断收益，但是这种盈利模式在很大程度上忽视了数据生产者的所有权问题。随着人们对自身数据权利认识的加深，将数据作为“个人资源”或者“个人资产”的诉求变得愈加强烈。为了解决数据资源利用与个人利益之间的冲突，近年来潘军已经开展数据确权的相关研究，尝试在科技哲学视野下厘清大数据产生和使用过程中的所有权、支配权、收益权及数据资产管理等问题，以服务于数据产生、流动与运用的过程控制，同时为数智时代促进人类的全面自由发展提供契合点和支撑点。

围绕数据确权与数据资产管理问题，作者努力从科技哲学视角给出自己的解答：一方面，围绕“一切为了人的发展”这一核心主题，探究数据利用过程中的价值问题、发展问题、方法问题、技术问题、数聚与智能的关系问题，试图澄清数据确权与数据资产管理的哲学基础、方法论基础和实践技术基础，为数据确权与数据资产管理扫除认识误区、厘定实践方法，从而充分发挥大数据促进生产关系优化和人的自由全面发展的潜能。另一方面，基于数据确权与数据资产管理的现实需求，探讨数据确权与数据资产管理的技术基础，并提出明确的建设性意见，如建设“两个中心、三个实验室”，即数据确权申报与认证中心、数据资产认定与管理中心、数据时间刻录与储存湖实验室、数据密态技术实验室、数据价值贡献值估算实验室，尝试为数据确权与数据资产管理搭建结构框架与组织模型。在上述分析的基础上，作者进一步分析数据确权与数据资产管理的实践过程，指出在迭代学习中促进理论与实践的相互作用，并通过技术实践确定更有效的实践模式，从而为数据确权、数据资产管理乃至数据治理构建可靠的“模板”。这一兼具理论性与实践性的探究性解答有一定的新意和启发性，有助于推动数据治理相关研究，乃至数据治理的规范化进程。

总之，这本书是对大数据治理问题的一种可贵探索，体现了作者孜孜以求的学术气质。当然，这并不意味着本书没有不足，但这些不足并非必然意味着缺陷。通过解决旧的问题，衍生新的问题，从而在解决问题中不断进步，这本来就是知识增长的基本机制。在大数据分析和人工智能飞速发展的今天，这种迭代学习机制已经变得愈加重要。因此，在为潘军取得的学术成绩感到高兴的同时，期待他能百尺竿头、更进一步。

王大洲

2024 年 5 月 19 日

前　言

科学技术哲学视野下数据确权与数据资产管理的研究，实质是坚持马克思主义科技观的根本立场、观点和方法，建设一个数据确权处理与数据资产管理的数据安全储存库或平台，并让其中的数据有这样一些变化：一是吸引人们以数据申报确权，并迅速打造数据确权与数据资产管理的权威社会组织机构；二是对申报确权的数据要有验审的能力，具体是对申报确权的数据的来源进行溯源技术审查，并分清数据的产权与产权价值贡献率；三是对验审通过的数据进行时间刻录写上标签，对数据价值贡献率和产权信息一同刻录写上标签，并将数据本身在区块链技术的融合应用下安全储存于一个有足够大时空的数据储存中心；四是对在数据储存中心或数据库中的确权数据进行数据密态技术的融合应用，让数据在“可用不可见”的情况下实现流通、交易等社会活动，并让数据在海量数据的“数据←→信息←→知识”和“信源←→信道←→信宿”运行范式中形成数据（聚）智能体，实现爆发性价值，从而助力人类的自由全面发展；五是对数据库或数据储存中心中的密态数据所进行的流通、交易等社会活动进行区块链技术处理，将社会活动后的产权信息、收益、价值重估值及影响后值等形成信息摘要刻录在数据中，并将密态技术和区块链技术结合进行安全储存。

正是基于此论证研究目的和价值，笔者从分析现状到分析问题，再到以问题为导向进行研究，最终得以确定数据确权与数据资产管理的实现策略，还进一步研究、总结、论证形成数据确权与数据资产管理的理论范式与实践范式。首先，本书主要从数据确权与数据资产管理的发展历程、地位功能、价值诉求三个方面进行分析研究，充分彰显科学技术哲学视野下数据确权与数据资产管理的重要性、紧迫性与可行性。其次，用发明问题解决理论（TRIZ）的五步追问法深度挖掘、分析数据确权与数据资产管理难的根本原因、重要限制与重难点的发展痛点，为数据确权与数据资产管理的可行性实现与科学性实践找到解决问题导向、制约顽疾和难点痛点。再次，针对数据确权与数据资产管理的重要性、紧迫性、可行性与科学性，在对突出问题导向、制约顽疾和难点痛点分析的基础上，深入研究并找到解决问题、破除制约和消解痛点的价值与发展、方法与技术、技术与工程、数聚与智能四个建设维度，充分展示数据确权与数据资产管理的科学构建价值导向、技术工程组织与支撑效率，使数据确权与数据资产管理的实现有了可靠的理论支撑与可遵循的实践指南。又次，以组织设计策略和工程方法论策略，高效地论证解决数据确权与数据资产管理的全面落地建成对策，使数据确权与数据资产管理有了清晰的可落地工程流程与技术规程。最后，进一步对数据确权与数据资产管理的工程落地理论范式与实践范式进行高度总结和提炼研究，形成数据确权与数据资产管理的可推广应用、可优化研究、可借鉴实践的理论范式和实践范式，既助力推广应用又强化理论传承与研究。

总之，通过对科学技术哲学视野下数据确权与数据资产管理的深入研究，不仅在实际中解决数据确权与数据资产管理的实现政策、组织、技术、工程等理论范式与实践范式的构建问题，而且提醒人们对大数据本身的深刻认识和对大数据未来发展的融合应用做好心理准备，即大数据既是劳动对象、劳动工具和劳动智慧，又是改善社会的生产关系和促进人的自由全面发展的新动能，人们在利用、研发其产权和收益权等社会活动中，既要重视数据资源和资产的功能、地位、特性，引导其向上向善应用，又要让人与科技在自然规律中协同向上向善发展，形成人与科技的正确自然生态观。

目　录

导　论

随着万物互联互通的物联网时代或称“我联网时代”的到来，海量数据聚集越来越重要并受到重视，其中少量数据聚集后的数据智能体形成，数据的爆发性价值逐渐成为人类争夺的一种资源及各行各业争相占有的资产。因此，数据确权与数据资产管理迅速成为全社会研究的重、难点和热点，而且谁率先抢占数据确权科研的制高点，谁就拥有数据融合资源管理的话语权，谁就赢得实现数据融合应用的发展先机。

确权是指权威性的组织机构或行政机关对相应人事物的权利、义务确认，而数据确权则是针对“数据资源”给予相应的权利与义务的确认。目前，关于数据确权的研究较为薄弱，主要因为海量数据的产生主体是多元的，其组成结构是复杂的，其相互关联网络是交叉的，其融合应用是隐蔽的，其社会价值是爆发性的。因此，截至目前，虽然全社会积极致力于数据确权与数据资产管理研究，且在一定程度上积累了经验和取得了一些进展，但是整体上存在研究成果不多和不高的问题，数据确权与数据资产管理均为初级阶段的问题。从成果方面来看，一是从法律角度出发，研究数据确权的法理建构和路径设计有了新思路，如武西锋等从经济正义视角出发，提出了政府、平台和个人的三方数据产权理论框架[1]，即政府监管，将数据产权赋予消费者，充分发挥市场在资源配置中的决定性作用，这样的产权框架在一定意义上超越平台数据使用与消费者

[1] 武西锋，杜宴林．经济正义、数字资本与制度塑造 [J]. 当代财经，2023（3）：15-27.

隐私保护的二元对立格局，实现权能分离，不失为一种办法。二是闫境华等从数据生产要素化角度出发，认为数据具有私人属性和财产属性，数据所有权与数据用益权相分离的二元权利结构保护了个人隐私权，也充分发挥了数据的财产属性，即初步形成数据属性与权益的关联性研究成果，但是其操作性仍有待提升。[1]三是何柯等提出的适用法律选择、数据权属分层、应用机制创新，构成了数据确权路径设计的主要内容。[2]综而述之，虽然从不同角度开展研究，但是关于数据确权没有具体、统一、权威、公认的设计方案，因此，基于科学技术哲学视野和当前的物联网技术，数据确权的内容如何设计是本书探究的重、难点。

诚然，随着科学技术哲学的发展和物联网技术的深入研究及发展，世界上的人、事、物等数据化已初具规模，并已做好被分析和统计的准备。特别是随着经济社会的数智化发展，企业数据资产增多，出现数据资产的统计、确权、加工分析、价值提取、收益分配、数据价值评价和数据资产保管等突出而常见的问题。虽然数据存量大的企业解决数据资产管理问题花费了大量的人力、物力、财力，但仍然存在数据资产管理的盲区、失误和误差。因此，本书旨在提供能高精度、高效率完成数据资产确权与管理的融合应用方案及软、硬件平台，通过智能化的扫描等硬件对线下数据资产进行“一键式”申报确权，且能“秒级化”将相关数据传输到统计与管理平台上，实现数据资产的智能化管理。同时，通过厘清数据源头与科学技术价值旨归，数据的产生、发展、关联、融合应用等一系列数据权益关系是可以厘清与确认的，能形成社会公认的“公私分明”产权。由此可见，科学技术哲学视野下的数据确权与数据资产管理是能够实现的，能形成一套产权分明、管理科学、应用便捷的现代数据确权与资产管理的策略和方案。

---

[1] 闫境华，石先梅．数据生产要素化与数据确权的政治经济学分析 [J]. 内蒙古社会科学，2021，42（5）：113-120.

[2] 何柯，陈悦之，陈家泽．数据确权的理论逻辑与路径设计 [J]. 财经科学，2021（3）：43-55.

一、研究缘由

（一）学术价值的可拓展

通过对已有研究成果的梳理研究发现，关于数据确权的框架设计和数据现实资产的管理应用均与科学技术哲学范式及物联网技术有直接的关联作用，但是已有的研究缺乏基于物联网技术和科学技术哲学视野的数据确权与数据资产管理的内容设计，因此，本书的学术价值是提供基于物联网技术和科学技术哲学视野的数据确权与数据资产管理的理论基础、实践操作，完成物联网领域中数据确权设计和数据资产管理的科学、技术、工程、价值“四元论”的科学技术哲学论证与阐释。

（二）应用价值的可实践

笔者构建的数据权属申报验证体系和数据资产管理营运体系均具有较高的实践应用价值，能解决数据所有权与收益权的协调均衡发展问题，能帮助行政机关、企事业单位及个体解决数据资产管理难题，并能为人类社会节省人力、物力、财力。该研究成果的实践应用与市场同类产品相比，价格较低，操作简单，具有较强的推广性和实用性。

二、研究综述

随着数智时代的到来，数据的聚合及融合应用越来越重要，但打破数据孤岛，提高数据的共享性，让数据资源的收益性成为一种常态，已是全世界共识性的研究重、难点和热点。正因如此，数据确权与数据资产管理逐渐成为热门研究领域。

（一）关于数据确权与数据资产管理的国际研究成果综述

1. 本体论研究成果：数据资源属性、产权分配制度和数据所有权等基本问题得到科学的阐释研究

澳大利亚学者彭德尔顿（Pendleton）作为数据确权研究的先行者之一，率先研究信息产权问题。美国从早期对财产权利及收益都不太重视，发展到重拾对数据公共化发展倾向的重视。但是，对于隐私数据，美国一直都是比较重视且倡导保护的国家，且还是以知晓同意原则来支撑隐私数据得到保护的国家。❶在美国重拾对数据公共化发展倾向的重视后，洛辛（Loshin）在研究后提出数据所有权的概念，即数据所有权是对数据中所能蕴含的价值信息及加工后的爆发性价值信息，拥有使用、收益和承担责任的权益。❷陈建德（Jing De Jong-Chen）研究指出：数据产业发展受阻的重要原因主要可能是以互联网安全和主权为名来限制数据交易、流通的方法。❸汉臣（Harison）的研究认为，数据确权存在严重困难，特别是知识产权问题缺少数据保护与保障支撑，虽然国家投入大量资金攻关，但产出难以保障。❹综上所述，国外的研究只是为认识数据权属及其内涵的阐释、数据的有关权益、数据确权作基础性研究铺垫，即这些认识是探索性的论证，还有待深入研究。

2. 方法论研究成果：科技和法律建设为数据理性与融合资产管理护航

2016 年欧盟通过的重要法规《通用数据保护条例》（*General Data Protection*

---

❶ 齐爱民. 拯救信息社会中的人格——个人信息保护法总论 [M]. 北京：北京大学出版社，2009：259.

❷ LOSHIN D. Master data management [M]. San Francisco：Morgan Kaufmann，2009.

❸ JONG-CHEN J D. Cloud security framework considerations [C]// Ministry of Commerce of the People's Republic of China，Ministry of Industry and Information Technology of the People's Republic of China，Ministry of Education of the People's Republic of China，et al. Proceedings of the Second International Cloud Computing Conference 2013. 2013：1.

❹ HARISON E. Who owns enterprise information? Data ownership rights in Europe and the U.S. [J]. Information and management，2009，47（2）：102-108.

Regulation，GDPR）承认数据主体对自己数据的支配权和收益权，以及国家有数据主权，并对数据控制者做出详尽的权利与义务规定。美国《统一计算机信息交易法》对信息财产权作出较为详尽的规定。

（二）关于数据确权与数据资产管理的国内研究成果综述

1. 方法论研究成果：主要研究数据隐私安全方法和数据所有权权益分界规则

我国学者石丹提出运用"卡－梅框架"（财产规则、责任规则和禁易规则）[1]，为数据保护提供研究思路，旨在完善我国数据保护规则。姬蕾蕾研究指出，个人数据保护应转向关注数据的生命周期和实体价值，不要一味过分地保护个人数据隐私，即个人信息的保护理念应该从个体本位主义向社会本位主义转变。[2]但是，李爱君认为，数据是一种无形的财产，须在数据财产之上设置数据财产权。[3]武西锋从经济正义视角出发，提出政府、平台和个人的三方数据产权理论框架，政府监管，将数据产权赋予消费者，充分发挥市场在资源配置中的决定性作用，超越平台数据使用与消费者隐私保护的二元对立格局，实行权能分离。[4]而闫境华等从数据生产要素化角度出发，认为数据具有私人属性和财产属性，数据所有权与数据用益权相分离的二元权利结构，既保护个人隐私权，也充分发挥数据的财产属性。[5]何柯等提出适用法律选择、数据权属分层、应用机制创新，这些构成了数据确权路径设计的主要内容。[6]

---

[1] 石丹．大数据时代数据权属及其保护路径研究 [J]. 西安交通大学学报（社会科学版），2018（3）：78-85.

[2] 姬蕾蕾．大数据时代数据权属研究进展与评析 [J]. 图书馆，2019（2）：27-32.

[3] 李爱君．数据权利属性与法律特征 [J]. 东方法学，2018（3）：64-74.

[4] 武西锋，杜宴林．经济正义、数字资本与制度塑造 [J]. 当代财经，2023（3）：15-27.

[5] 闫境华，石先梅．数据生产要素化与数据确权的政治经济学分析 [J]. 内蒙古社会科学，2021, 42（5）：113-120.

[6] 何柯，陈悦之，陈家泽．数据确权的理论逻辑与路径设计 [J]. 财经科学，2021（3）：43-55.

2. 技术论研究成果：主要研究数据由来及发展规律、融合应用规律，并结合规律提出解决问题的技术方法

文禹衡认为，数据具有“使用非损耗”的属性，表面上看似不具有稀缺性，但因数据蕴藏着经济利益，被企业采集并存储在施加了技术措施的“数据集合”中，所以变得稀缺，由此导致企业之间的数据争夺战愈发激烈。[1]余俊、张潇认为，可以利用区块链技术保障数据确权的构想，找到“分布式架构”与“扁平化治理路径”的契合之处。[2]

3. 工程论研究成果：主要将本体论与技术论集成研究以切实解决实践应用难题

清华大学张超发表文章《实现数据确权与保护，数据密态渐成行业共识》[3]，紧接着，国内不少学者围绕这种“数据密态”需要的隐私计算研究提出隐私计算技术，如贾轩等指出“隐私计算技术在不获知其他参与方原始数据的情况下处理数据，保障数据在流通与融合过程中的‘可用不可见’，成为数据安全合规流通的一种‘技术解’，已被应用于数据密集型行业。通过隐私计算在金融、医疗、政务及新型场景中的典型应用，梳理相应应用范式，并提出问题与展望”[4]。

综上所述，实现数据确权与数据资产管理，首先只有厘清研究数据源头与科学技术价值旨归，数据的产生、发展、关联、融合应用等一系列数据权益关系，才能形成社会共识性“公私分明”的产权和融合应用实效。正因如此，习近平总书记指出：“数据基础制度建设事关国家发展和安全大局，要维护国

---

[1] 文禹衡．数据确权的范式嬗变、概念选择与归属主体 [J]. 东北师大学报（哲学社会科学版），2019（5）：69-78.

[2] 余俊，张潇．区块链技术与知识产权确权登记制度的现代化 [J]. 知识产权，2020（8）：59-67.

[3] 张超．实现数据确权与保护，数据密态渐成行业共识 [EB/OL].（2022-05-24）[2024-04-24]. https：//tech.cnr.cn/techph/20220524/t20220524_525836156.shtml.

[4] 贾轩，白玉真，马智华．隐私计算应用场景综述 [J]. 信息通信技术与政策，2022（5）：45-52.

家数据安全，保护个人信息和商业秘密，促进数据高效流通使用、赋能实体经济，统筹推进数据产权、流通交易、收益分配、安全治理，加快构建数据基础制度体系。”[1]鉴于此，笔者研究的终极目标为：一方面重点研究数据确权，即通过厘清研究数据源头与科学技术价值旨归，数据的产生、发展、关联、融合应用等一系列数据权益关系，力争在全社会尽快形成共识性“公私分明”的产权；另一方面设计能高精度、高效率地完成资产统计的融合应用方案及软、硬件平台，通过智能化扫描等硬件对线下资产进行“一键式”统计，并能“秒级化”将相关数据传输到统计和管理平台，使数据资产智能化管理成为可能。

三、研究方法

为了实现研究目标，笔者结合数据确权与数据资产管理的已有研究成果及实践应用实际，运用多学科的理论知识，对科学技术哲学视野下的数据确权与数据资产管理进行梳理研究（实地调查研究和文献梳理研究）、实践研究（实际应用的对策和策略研究）、论证研究及系统化构建研究（体系化构建），为数据确权与数据资产管理提供全社会可参考的有说服力的理论依据和实操指导。

（一）文献分析法

本研究涉及多个领域，笔者运用文献分析法对国内外有关数据确权与数据资产管理的重要研究文献进行挖掘、整理、分析、研究，认真总结和归纳科学技术哲学视野下数据确权的理论范式与实践范式，并找出内在逻辑、实践框架。

（二）集成研究法

在强调问题导向下，笔者综合运用物联网技术、系统论、经济学、智能科

[1] 习近平．加快构建数据基础制度　加强和改进行政区划工作 [N]. 人民日报，2022-06-23（1）.

学等多学科知识开展研究，并注重各学科的交叉集成，包括选取、选定合适的数学统计工具对权重进行分析运算，建立相关的体系模型，在实践中检验研究成果等。

（三）实证研究法

笔者通过问卷、访谈、座谈会等形式开展研究活动，以获取第一手数据信息与价值资料，并利用数据分析软件（如 SPSS）和结构方程模型（如 LISREL8.70）方法对各因素之间的结构关系进行定量与定性分析。

（四）案例分析法

笔者结合数据确权与数据资产管理的重点项目，通过选取典型样本运用研究规律，以典型实例证明理论观点。

（五）专家咨询法

笔者多次组织课题组进行相关的学术研讨，邀请国内的权威专家指导课题组研究，旨在吸收研究专家的智慧和意见，进一步调整研究方向并完善学术成果。

（六）因果链分析法

笔者对科学技术哲学视野下数据确权与数据资产管理进行问题根源探寻，以厘清数据确权与数据资产管理问题的直接原因、附加原因、根本原因及其关联性关系，进而根据各种原因和关联性关系系统地进行策略消解与确权构建。

（七）发明问题解决理论（TRIZ）分析法

笔者用发明问题解决理论分析科学技术哲学视野下数据确权与数据资产管

理中的创新思路和创新方法，确保数据确权与数据资产管理不走弯路，并找到精准的高质量发展的科学之路。

四、研究的创新之处

本研究在学术思想、学术观点、研究方法及成果转化运用等方面的特色和创新设想有以下三点。

（一）理论依据

本研究以发明问题解决理论分析科学技术哲学视野下数据确权的框架设计和数据资产管理应用，确保其创新思路和创新方法的科学性、实效性，同时确保数据确权构建不走弯路，找到精准、高质量的科学发展之路。

（二）注重实际

笔者致力于数据确权与数据资产管理的实际应用，即在实际应用中利用物联网技术节省人类社会活动的人力、物力、财力，提高工作效率和精确度。

（三）研究目的

本研究的目的是让拥有大数据中心的贵阳市成为世界数智化数据确权与数据资产管理应用的榜样、典范。

五、研究中相关概念的界定

为阐述科学技术哲学视野下数据确权与数据资产管理研究的需要，下面对本书中出现的“科学技术哲学”“数据确权”“数据资产管理”三个关键词进行界定。

（一）科学技术哲学

科学技术哲学从早期的科学技术“一元论”到“科学＋技术”的“二元论”[1]，已经发展到“科学＋技术＋工程”的“三元论”[2]，正步入“科学＋技术＋工程＋价值”的“四元论”发展阶段。由此可见，科学技术哲学具有以下三个主要科学内涵。第一，科学技术哲学是哲学范畴的概念，是人们认识自然、改造自然的世界观和方法论。第二，这种哲学范畴的认识自然、改造自然的世界观和方法论，已经被细分为具有丰富理论基础的科学哲学、具有实践操作的技术哲学、具有组织统揽结构的工程哲学、具有工具理性与价值理性辩证统一的价值哲学。第三，“科学”“技术”“工程”“价值”是科学技术哲学的核心构成要素，它们既相互独立又有机统一，是现代科学技术研究与实践的必要考虑和考量要素。

1. 科学技术哲学一元论

科技哲学的一元论认为，科学是理论式技术，技术是科学的应用，科学与技术不能独立，是一体两面。一元论具体有三种主张：一是认为科学技术是革命论，有别于其他世界观与方法论；二是认为技术只是科学的应用，二者没有本质区别；三是认为科学只是理论式技术。但是，随着人类社会的演进发展，这三种主张很快被否定。“在美国，最早提出和主张不能把科学和技术混为一谈的是阿伽西，而在我国最早大声疾呼地提出和主张科学和技术有本质区别的是陈昌曙教授。”[3]

2. 科学技术哲学二元论

科技哲学二元论的主要贡献者和学术集大成者是陈昌曙教授，他从 20 世纪 80 年代开始对科学与技术的“差异性”“紧密性”进行研究，为科学技术

[1] 陈昌曙．论科学与技术的差异 [J]. 科学学与科学技术管理，1982（1）：9-11.

[2] 李伯聪．工程哲学与科学发展观 [J]. 自然辩证法研究，2004（10）：90-91.

[3] 李伯聪．工程哲学与科学发展观 [J]. 自然辩证法研究，2004（10）：90-91.

哲学的丰富发展做出了积极而卓有成效的贡献。二元论包括陈昌曙研究的8个方面的关于科学与技术的紧密联系和区别的关系论，如“技术的根本职能在于对自然界的控制和利用，它着重于解决‘做什么’‘怎么做’的任务。科学的根本职能目的在于对自然界和技术可能性的理解，它着重于回答‘是什么’‘为什么’‘能不能’的问题”[1]等，较为完美地诠释科学技术哲学的二元论关系。从此，二元论的科学技术哲学观使中国科学技术成功将“理论科学”与“实践技术”辩证统一地发展，形成科学哲学、技术哲学和科学技术哲学。

3. 科学技术哲学三元论

随着现代科学技术向纵深发展，科学与技术是理论与实践的对应关系已经不能全面地反映科学技术哲学发展的实际需要，即在科学与技术的密切联系中工程成为科学理论和技术实践融合应用不可缺失的统揽组织架构，由此三元论逐渐呈现。在三元论的开拓者和主导者中，中国科学院大学的李伯聪教授贡献极大，他指出“我认为，我们还可以把‘科学技术二元论’发展为‘科学技术工程三元论’，因为我们不但不能把科学和技术混为一谈，而且也不能把技术和工程混为一谈”[2]，即“科学、技术、工程三者是有本质区别的：它们是三种不同的社会活动，科学活动的核心是发现，技术活动的核心是发明，工程活动的核心是建造，是直接的物质生产活动。这三种不同的社会活动所产生的结果或‘产品’也是不一样的：科学发现的结果是科学概念、科学理论、科学规律；技术发明的结果是技术专利或技术方法；工程活动的结果是直接的物质财富。从社会学和经济学的角度来看，科学活动所得到的成果是社会所‘公有’的‘财富’，科学成果不是为任何科学家所‘私有’的，所谓天下之‘公器’是也；而技术发明所得到的专利就不是‘公有’

---

❶ 陈昌曙．论科学与技术的差异[J]. 科学学与科学技术管理，1982（1）：9-11.

❷ 李伯聪．工程哲学与科学发展观[J]. 自然辩证法研究，2004（10）：90-91.

的而是‘私有’的了，学习科学知识时不需要付‘专利费’，可是要使用别人的专利技术时就必须付‘专利费’了；而工程活动的结果是直接的物质财富，例如，三峡工程、西气东输工程，其结果都是形成了直接的物质财富”❶。“根据科学、技术、工程‘三元论’的理论框架，我们不但应该重视研究科学、技术和工程三者各自的本性、特点、社会作用和运行机制等问题，而且应该重视研究它们之间的联系、渗透、转化和互动关系。”❷

4. 科学技术哲学四元论

截至目前，科技哲学的四元论有两种学术主张：一种是以“产业”为一种元素，另一种是以“价值”为一种元素。但是，笔者认为，以“价值”作为一种元素，虽然不是所有的科学技术都需要产业化，但科学技术的双重性恰恰需要其必须具有稳定的“价值”属性。笔者认为，价值已然成为科学技术哲学四元论的内部关系及外部联系的重要纽带，四个元素既有本质差异又是有机统一体。不仅“在价值哲学看来，哲学应该为人类生活提供安身立命之所，应该为解决所处时代人类生活的根本难题提供世界观和方法论”❸，而且在马克思主义哲学看来，应确定“以每个人的全面而自由的发展为基本原则的社会形式”❹，“这是马克思关于未来共产主义社会的价值诉求，也是马克思主义一以贯之的价值理想”❺。由此可见，“实际上，确有一些与科学技术有关的根本性问题是只从科学观、科学哲学，或只从技术观、技术哲学所难以说明的。例如，很难只用科学哲学来说明科学的价值，很难只用技术哲学来说明技术的价值，也很难只用科学哲学或只用技术哲学来说明科学与技术的相

❶ 李伯聪．工程哲学与科学发展观 [J]. 自然辩证法研究，2004（10）：90-91.

❷ 李伯聪．略谈科学技术工程三元论 [J]. 工程研究——跨学科视野中的工程，2004（1）：42-53.

❸ 冯平．重建价值哲学 [J]. 哲学研究，2002（5）：7-14，80-81.

❹ 马克思，恩格斯．马克思恩格斯全集：第 23 卷 [M]. 中共中央马克思恩格斯列宁斯大林著作编译局，编译．北京：人民出版社，1972：649.

❺ 杨雷．论马克思主义的价值向度 [J]. 攀登，2020，39（6）：27-32.

互转化。科学技术是生产力的命题不只是由科学哲学也不只是由技术哲学来论证的，对科学技术决定论不能只由科学哲学或技术哲学去反驳”[1]，即价值在科学技术哲学中呼之欲出。

（二）数据确权

数据确权，主要是指大数据的所有权确定问题的全过程总和。正如法学界认为，“所谓数据确权，是通过对数据处理者等赋权，使其对数据享有相应的法律控制手段，从而在一定程度或范围内针对数据具有排除他人侵害的效力”[2]。其中，大数据所有权主要是大数据的使用权、收益权和支配权。由于大数据与传统的数据在数据价值上存在较大的差别，特别是大数据聚集后具有“1+1≥2”的爆发性价值，所以大数据确权与传统数据确权存在根本性的差异和不同的实践方法。一方面，大数据本身的产生者往往是不掌握其思想、情感和行为数据的个体，大数据所有权即与数据产生者处于一定程度的分离状态。但是，从法律视角来看，大数据确权又应当保护数据产生者的权益。另一方面，大数据的爆发性价值与原个体数据的信息价值差距较大，这部分超价值是多个数据产生者的多条数据聚集而产生的共有增加信息价值，这种增值的数据信息也是需要确权和进行资产管理的。由此可见，大数据确权与传统的数据确权不同，不仅是有限实物或信息数据层面上数据信息价值的所有权确立，而且包括海量数据聚集后的增值数据信息确权和一些数据产生者无法收集的个人数据确权，以及一些公共数据信息的确权。

数据所有权，从法律视角来看，一般主要指数据的占有权、使用权、收益权和处分权。数据所有权，从科学技术哲学视角来看，主要指数据从何而来、因何而用、为何而去，即数据因人而来，是关于人的数据，所以数据的

[1] 陈昌曙．科学技术哲学之我见 [J]. 科学技术与辩证法，1995（3）：1-3.

[2] 王利明．数据何以确权 [J]. 法学研究，2023，45（4）：56-73.

产生者是数据所有权人。数据因人而来，同时为人所用，即数据是涉及人的数据，是服务于人的数据，数据的价值就是关乎人的福利。由此可见，数据的使用是有原则的，是因造福人类而用，否则数据的使用权是不能被行使的。同时，数据的支配权也是如此，必须对人类有益才能行使。然而，“在数字时代，以有体物所有权为中心的财产权在规范概念上正濒临解体，所谓的绝对控制权也正在被各类许可、数据协议蚕食”[1]。正因如此，美国法学家亚伦·普赞诺斯基和杰森·舒尔茨认为，限制格式合同、复兴权利用尽原则能为其数据所有权助力。但是，我国法学家认为，这种数字限制也是一种霸权，无疑是对数据所有权的最大威胁，因为买受人无法如以前的所有权人专享占有权、使用权、收益权和处分权等。由此可见，数据所有权的主要核心内容是数据的占有权、使用权、收益权和处分权，但是这些权利与物权中的所有权存在不同的作用规则。

法学界也有一种可行的学术观点，即将公共数据归为公有性质，其所有权归国家，政府将公共数据分级，以开放共享或授权运营方式把数据使用权让渡给社会个体或有关组织，进而推动数据社会效益最大化。[2]

1. 数据使用权

在数智时代，数据使用权因大数据的特性而成为“有限的排他性支配权”，因为这种大数据特性主要是大数据的使用具有不可损耗性，与有形物的使用状态不同，还具有可复制性，所以数据所有权难以成为排他性的使用权，即“通过类比商业秘密，数据使用权之架构内含两个维度：其一为许可使用权，此为数据使用权在法律上有其名分之结果；其二为有限排他权，通过行为正当性的判断，排除他人不当获取和利用数据的行为，从而塑造权利空间”[3]。同时，“从

[1] 章程．数字时代数据财产的所有权变革——评《所有权的终结：数字时代的财产保护》[J]. 审计观察，2023（4）：92-96.

[2] 苗圩．加快推动数据确权　畅通数据交易流通 [N]. 人民政协报，2022-05-18（3）.

[3] 马斌．数据使用权：以数据价值实现方式为基础 [J]. 西部法学评论，2021（1）：41-57.

数据经济视角看，数据之上不可能存在绝对排他性的支配权，而是一种数据使用权，主要原因是数据不存在物权法意义上归属、绝对支配的状态，只存在不断流动中被事实控制和使用的状态，而使用是获取所控制数据价值的主要方式，因而数据使用权即可实现数据的财产价值”[1]。

2. 数据处分权

数据处分权是指数据所有权人对其数据享有的搜集、复制、加工、收益的权利，也包括数据的转让、消费、出售、封存处理等方面的权利。而生活中的处分权，一般指财产处分权，有时也称处置权或处理权。虽然三种叫法存在区别，但在生活中人们一般的理解是一致的。从法律角度来看，处分权常常特指财产所有权人对其所拥有的财产在法律规定的范围内享有最终处理的权利，包括决定财产在事实上或法律上命运的权利，如财产的转让、消费、出售、封存处理等方面的权利。由此可知，数据处分权，是指数据所有权人对其所拥有的数据在法律规定的范围内享有最终处理的权利，包括决定数据在事实上或法律上命运的权利，如数据的转让、消费、出售、封存处理等方面的权利。然而因为数据与财产存在特定的区别，所以数据处分权与财产处分权应当具有一些不同内涵的权利和义务，不能完全套用财产处分权的定义。例如，数据具有复制不可排他性，而财产的复制具有一定条件的排他性，以及财产一般来说具有耗竭性，而数据一般来说具有非耗竭性。[2]

（1）数据处分权应当有“不可复制权”，或称“有条件复制权”，进而才能加强数据所有权的权益保障。因为数据处分权人可能是数据来源人，也有可能是数据处理人[3]；前者是可靠的数据处分权人，后者是复杂的、需要鉴别才能确认。如果数据处理人是数据来源人本人，那么数据处理人、收集人是同一主

[1] 马斌．数据使用权：以数据价值实现方式为基础 [J]. 西部法学评论，2021（1）：41-57.

[2] 张平文，邱泽奇．数据要素五论——信息、权属、价值、安全、交易 [M]. 北京：北京大学出版社，2022.

[3] 王利明．数据何以确权 [J]. 法学研究，2023，45（4）：56-73.

体，具有数据处分权；若数据处理人是对他人的数据进行处理或收集，甚至通过抓取或加工分析得到，则一定要经数据所有权人同意才能处分，甚至数据所有权人同意认可的一些隐私数据，数据处理者与数据收集者都不可消费、使用等（一些许可数据可以通过加密使用，一些数据是无论如何都不能使用的）。

（2）数据处分权在名义上是所有权人享有，但是实际上往往是数据搜集机构、储存机构及数据分析加工方享有。

3. 数据收益权

综上所述，从数据所有权、数据处分权可知，数据收益权至少包括三个方面的内涵。一是数据所有权人因数据产权而拥有的收益权。拥有这种数据收益权的往往是数据来源者。二是数据处分权人通过有条件的购买、协议等获得数据使用收益权。这样的数据收益权是通过与数据所有权人经济性有偿让渡所有权或非直接的经济性有偿让渡获得的收益权。三是数据处理过程中因数据流量、存储等而获得的收益权，包括所有权人认可的或所有权人不知晓、不认可的合法收益权。前者，如数据来源者将数据存放在云端，而云端数据处理存在获得的收益；后者，如一些公共管理 App 和社会组织机构通过对数据来源者的监控与搜集获得的数据收益，特别是国家统计局获得的线上国民收入水平统计数据。由此可见，数据收益权是复杂的、有条件的，即“确认和保护数据处理主体的使用权、处置权，也就自然保护了数据财产权人的收益权”[1]。

（三）数据资产管理

数据资产管理是将海量数据纳入资产要素，进而利用这种资产要素参与一定的社会活动而衍生更多财富的运营活动总和。正如“国际数据管理协会（DAMA）将数据资产管理界定为：企业或组织采取的各种管理活动，用于保

---

[1] 王利明. 数据何以确权 [J]. 法学研究，2023，45（4）：56-73.

证数据资产的安全、完整、合理配置、有效利用，从而提升经济效益”[1]。因为在数智时代，数据特别是大数据已然成为国家的基础性和战略性资源，所以数据不仅要在客观现实中实现产业化、智能化，更要在客观现实中实现资产化。“数据资产化就是将数据资源转化为可以交易的数据资产，标志着数据资源‘进化’为交易标的的过程”[2]，即数据资产是财富的重要组成部分，而且是能衍生财富的元素。在传统社会里，资产的一般表现形式是工厂、设备、土地、专利、版本、金融货币或债券等；而数智时代的数据资产实际上是将数据纳入资产的一种表现形式，并用数据，特别是海量数据的价值或爆发性价值为数据所有权人或数据处分权人带来或衍生更多的财富。

1. 数据资产的主要属性

从字面和内涵上看，数据资产属性一方面必然包含数据属性；另一方面必然包含资产属性。前者主要指海量数据的属性；后者主要指海量数据聚集后的资产财富衍生性。正如《数据资产管理实践白皮书（5.0 版）》指出，数据资产是由一定的组织机构合法拥有的或控制的数据财富，是以电子或其他方式记录的、可进行计量或交易的，能直接或间接带来经济效益和社会效益的财富。[3]

（1）数据资产的数据属性。数据属性主要指大数据属性，主要包括可存储性、可读取性、共享性和非耗减性[4]，还包括海量数据聚集后的价值爆发性、集成智能性、抽取信息知识性等属性。

（2）数据资产的资产属性。资产属性主要而核心的内容是资产财富的衍生属性。这种数据资产财富的衍生属性，是通过人的劳动生产产生的。“根据马克思主义的劳动价值论，在实现供需双方共同利益目标的过程中，数据要素供给主要来源于人们的劳动，数据资产的生成包含了人类在数据收集、处理、分

[1] 夏义堃，管茜．政府数据资产管理的内涵、要素框架与运行模式 [J]. 电子政务，2022（1）：2-13.

[2] 韩秀兰，王思贤．数据资产的属性、识别和估价方法 [J]. 统计与信息论坛，2023，38（8）：3-13.

[3] 莫立君．浅析数据资产“入表”[J]. 中国银行业，2022（12）：97-99.

[4] 韩秀兰，王思贤．数据资产的属性、识别和估价方法 [J]. 统计与信息论坛，2023，38（8）：3-13.

析和存储过程中劳动的消耗，数据资产是经过人类劳动加工后的产物。”[1]

综上所述，数据资产是“合法拥有或控制的，能进行计量的，为组织带来经济和社会价值的数据资源”[2]。从会计理论范式来看，数据资产是“会计主体过去的交易或事项形成的，由会计主体拥有或合法控制的，能够进行可靠计量的，预期会给会计主体带来经济利益或产生服务潜力的数据资源”[3]。

2. 数据资产管理活动

在数智时代，数据资产管理活动一般“涉及数据资产目录管理、安全管理、质量管理、价值评估、利益分配等主要活动”[4]。结合实践和实际的需要，还包括数据申报确权的数据资产管理。

（1）数据申报确权的数据资产管理活动。数据所有权人（专指个体数据和数据来源者）可以对自己的数据进行申报确权。这是数据资产管理的基础条件，即一旦申报确权，数据就可以在数据资产管理平台上进行营运。当然，在具体的数据营运过程中，数据的安全和隐私保密由数据资产管理平台负责。数据申报确权人对数据来源的合法性和数据的真实性负责。

（2）数据资产目录管理活动。“数据资产目录管理包括编制政府数据资产目录，根据数据资产盘点、变更、处置活动及时更新数据资产目录，其目的在于实现‘资产可见’，涉及数据资产的类别、名称、基本描述、保存位置、风险、访问权限、责任者、价值等基本信息，当数据资产发生转移、增减或销毁时，需要进行数据资产目录更新，以保证数据资产与数据资产目录的一致性。”[5]

---

[1] 韩秀兰，王思贤．数据资产的属性、识别和估价方法 [J]. 统计与信息论坛，2023，38（8）：3-13.

[2] 国家标准化管理委员会．信息技术服务　数据资产　管理要求（GB/T　40685—2021）[EB/OL].（2021-10-11）[2024-04-24]. https：//std.samr.gov.cn//gb/search/gbDetailed?id=CE1E6A1DD4A158F6E05397BE0A0A68DF.

[3] 浙江省财政厅．数据资产确认工作指南（征求意见稿）[EB/OL].（2022-10-25）[2024-04-24]. http：//czt.zj.gov.cn/art/2022/10/25/art_1164164_58925289.html.

[4] 夏义堃，管茜．政府数据资产管理的内涵、要素框架与运行模式 [J]. 电子政务，2022（1）：2-13.

[5] 夏义堃，管茜．政府数据资产管理的内涵、要素框架与运行模式 [J]. 电子政务，2022（1）：2-13.

（3）数据资产安全管理活动。数据资产安全管理受数据具有非排他的可复制性特性影响，要从数据的本体环境安全、外部环境安全以及法理与战略性安全角度出发减轻或规避与数据管理相关的风险。[1]

（4）数据资产质量管理活动。“数据资产质量管理的核心是要保证数据的可发现、可获取与可操作，需要建立覆盖数据全生命周期的数据质量监控体系，设计数据质量稽核规则，以便将更多数据资源转化为可供利用的数据资产。”[2]

（5）数据资产价值评估活动。数据确权后的数据信息价值要通过数据资产管理平台清洗后进行储存与安全管理，以及组织营运。但是，在营运过程中，一旦营运产生了数据信息价值，数据资产管理平台就要对数据的贡献价值进行评估，并按评估价值落实效益分配。

（6）数据资产利益分配活动就是根据数据的贡献价值对数据享有收益权的活动。

（7）数据资产审计活动。“数据资产审计的目的在于了解数据资产如何满足业务需求，评估数据资产的运营风险，如识别高价值、使用频率低或者包含敏感信息的数据资产，确定访问数据资产的权限是否合理配置等。”[3]

---

[1] 夏义堃，管茜．政府数据资产管理的内涵、要素框架与运行模式 [J]. 电子政务，2022（1）：2-13.

[2] 夏义堃，管茜．政府数据资产管理的内涵、要素框架与运行模式 [J]. 电子政务，2022（1）：2-13.

[3] NAA. Conducting an information review [EB/OL].（2021-10-16）[2024-04-14]. https：//www.naa.gov.au/information-management/information-governance/conducting-information-review.

第一章 科学技术哲学视野下数据确权与数据资产管理的发展和现状

在数字经济时代，生产要素已不局限于土地、资本、劳动，数据作为核心生产要素，在当下起着重要作用。2020 年，中共中央、国务院在《关于构建更加完善的要素市场化配置体制机制的意见》中提出“根据数据性质完善产权性质”；2022 年，中共中央、国务院重申构建数据产权制度。可见，构建结构性分置的数据产权制度、完善数据权属分配规则已经在中央层面形成高度共识，成为整个数据基础制度体系构建的逻辑起点。[1]因此，数据确权是数据资产管理的前提和条件，也是数据实现应用的基础。数据确权就是确定数据的权利属性，主要包含两个层面：一是确定数据的权利主体，即谁对数据享有权利；二是确定权利的内容，即享有什么权利。数据资产是由组织合法拥有或控制并能够给个体或社会组织带来经济效益和社会效益的数据资源。由数据资产的定义可知，数据要成为资产，必须有一个明确的权属主体。在传统社会，数据的权属是比较容易确认的，是简单而朴素的数据确权。在大数据时代，数据的海量聚集不仅彰显海量信息的庞大，而且彰显数据“1+1≥2”的爆发性价值特性，进而引发世界人民及各行各业、社会组织抢占并抢先开发利用数据资源。

---

[1] 申卫星．论数据产权制度的层级性：“三三制”数据确权法 [J]. 中国法学，2023（4）：26-48.

第一节　数据确权与数据资产管理的发展历程

笔者梳理研究数据确权与数据资产管理的演进发展历程，以根据研究成果积累对数据确权与数据资产管理的理性认识。根据梳理研究，我们将其发展历程分为早期研究的探索认识阶段、中期研究的成熟掌握规律阶段和近期研究的转型融合应用阶段。

一、早期研究的探索认识阶段

从国外研究成果来看，数据确权的早期探索阶段主要研究数据资源属性、产权分配制度和数据所有权等基本内涵问题。澳大利亚学者彭德尔顿作为数据确权研究的先驱，率先研究信息产权问题。欧盟于 1995 年通过的《数据保护指令》创设多种数据权利，赋予个人对数据的绝对控制权，但此后《数据保护指令》难以落地，其严苛的规定因不利于数据利用而形同虚设。相反，在早期研究的探索认识阶段，美国是对财产权利及收益都不太重视的国家，但有重视数据公共化发展的倾向。美国起初效仿欧盟创设数据库财产权，然而 1991 年美国联邦最高法院否定"额头流汗"原则，明确"最低创造性标准"，确定不再保护原创性数据库，模糊数据库的财产权利。但是，美国重视且保护隐私数据，是以知晓同意原则来实现保护的。[1]随着经济社会的演进发展，美国逐渐认识到数据确权的重要性，并积极开展研究，如洛辛在研究后提出数据所有权的概念，即数据所有权是对数据中所能蕴含的价值信息及加工后的爆发性价值信息拥有使用、收益和承担责任的权益，但这些研究成果大多集中于个人数据领域，数据纠纷解决及数据使用仍然靠市场进行规制。综上所述，国外在早期

[1] 齐爱民．拯救信息社会中的人格——个人信息保护法总论 [M]. 北京：北京大学出版社，2009.

研究的探索认识数据确权阶段，只是对数据权属的内涵进行阐释，旨在深刻认识数据的有关权益，为数据确权的深入研究做基础研究铺垫。正如陈建德研究指出，数据产业发展受阻的重要原因是以互联网安全和捍卫主权为名来限制数据交易、流通的诸多方法。[1]这种认识是探索性的论证，还有待深入研究。汉臣的研究认为，数据确权存在严重困难，特别是知识产权问题缺少数据保护与保障支撑，虽然国家投入大量资金攻关，但是取得突破性成果依然艰难。[2]

从国内的研究成果来看，数据确权的早期研究主要是从经济、法律、计算机等多学科背景来研究数据确权。综合来看，数据隐私和数据所有权是研究的重点、难点及热点。梅夏英认为，数据不具有特定性，不属于民事权利的客体，同时数据没有独立的商业价值，可交易性也受制于信息的内容，因此不可将其定义为财产。[3]当然，也有不少学者认为，数据属于财产，如石丹提出运用“卡－梅框架”（财产规则、责任规则和禁易规则）[4]，为数据保护拓宽研究思路，创新我国数据保护规则的制定理路。姬蕾蕾指出，个人数据保护应转向关注数据的生命周期和实体价值，不要一味过分地保护个人数据隐私，即个人信息的保护理念应该从个体本位主义向社会本位主义转变。[5]李爱君认为，根据财产权的概念，如果数据权利具有经济价值、权利可以转移和以财产为客体，就具有财产权属性。[6]根据2017年通过的《中华人民共和国民法总则》第125条规定“民事主体依法享有股权和其他投资性权利”，股权是民事权利，具有财产属性。

---

❶ JONG-CHEN J D. Cloud security framework considerations [C]// Ministry of Commerce of the People's Republic of China，Ministry of Industry and Information Technology of the People's Republic of China，Ministry of Education of the People's Republic of China，et al. Proceedings of the Second International Cloud Computing Conference 2013. 2013：1.

❷ HARISON E. Who owns enterprise information?Data ownership rights in Europe and the U.S. [J]. Information and management，2009，47（2）：102-108.

❸ 梅夏英．数据的法律属性及其民法定位 [J]. 中国社会科学，2016（9）：164-183，209.

❹ 石丹．大数据时代数据权属及其保护路径研究 [J]. 西安交通大学学报（社会科学版），2018（3）：78-85.

❺ 姬蕾蕾．大数据时代数据权属研究进展与评析 [J]. 图书馆，2019（2）：27-32.

❻ 李爱君．数据权利属性与法律特征 [J]. 东方法学，2018（3）：64-74.

因此，数据与股权进行对价已充分证明数据具有经济价值；数据权利的转让通常是通过交易完成的。如果数据能够交易，就意味着数据权利可以转移。2015年，我国印发《国务院关于印发促进大数据发展行动纲要的通知》，明确发展大数据、促进大数据交易的规制。然而实际上，自2014年以来，中国地方政府建立大量的数据交易所、数据交易中心等，还颁布地方性的交易规则。这些交易场所的运行及交易规则充分证明数据权利是可以转移的。法学理论中的“财产”既是具有经济利益的权利的集合，又是财产性权利的客体。从地方性立法的行为来看，“数据”和“虚拟财产”并列表明二者有相似性，隐含着立法对数据财产属性的认可和保护诉求。当然，经济学理论中的“财产”应当具有使用价值和交换价值。然而现实中数据已被作为商品进行交易，具有交换价值，如我国地方各级政府的数据交易平台上交易的客体就是数据。可见，数据交易已经成为一种产业，虽然不同的交易平台或交易中心对数据、大数据交易范围的界定存在差异，但其交易的对象最终是数据。因此，数据权利客体具有财产权属性。数据是一种无形的财产，需要在数据财产之上设置数据财产权。[1]

综上所述，在早期研究的探索认识阶段，我国数据资产管理研究主要探讨数据是不是资产的问题，以及实现数据资产管理应当“有收益”和应当有保障，但是没能形成具体的数据确权与数据资产管理的可实践成果。虽然有学者提出“数据库”的资产管理也是一种可实践的形式，但是从学术上看狭义的数据资产管理是大数据时代数化万物后的数据资产管理，是基于科学技术哲学视野的数据资产管理，其研究理路必然处于认识感性向认识理性升华的初期探索阶段，没有形成真正意义的数据资产管理理论范式和实践范式。

二、中期研究的成熟掌握规律阶段

从国外的研究成果来看，欧盟在数据确权上取得较为成熟的研究成果，如

[1] 李爱君．数据权利属性与法律特征[J]．东方法学，2018（3）：64-74.

欧盟的《通用数据保护条例》承认数据主体对自己的数据拥有支配权和收益权，以及国家拥有数据主权，并对数据控制者的权利与义务做出了较为详尽的规定。美国的《统一计算机信息交易法》对信息财产权作出较为详尽的规定。由此可见，在中期研究阶段，西方国家已经从对数据权属和实现数据资产管理的探索认识转向规律性掌握、制定应对措施阶段。但是，纵观西方国家的数据权属研究成果和法规条文，与数智时代的当下相比，还是存在一些较大的差距和细微的区别。这些差距和区别一方面表现为数据确权上的隐私信息保护力度不够；另一方面体现在数据资产管理上的价值评估不精准。

从国内的研究成果来看，我国已经有大量关于数据确权与数据资产管理的成熟性研究成果，如文禹衡认为，数据具有“使用非损耗”的属性，表面上看似不具有稀缺性，但因数据蕴藏着经济利益，被企业采集并存储在施加技术措施的“数据集合”中，所以变得稀缺，由此导致企业之间的数据争夺战愈发激烈。[1]在计算机学科方面，如余俊、张潇认为，可以利用区块链技术保障数据确权的构想，找到“分布式架构”与“扁平化治理路径”契合的可实践理路。[2]在知识产权方面，许多学者主张将数据确权与数据资产管理建立在知识产权保护的逻辑基础上厘清产权。“知识产权治理体系是经济活动的产物，在经济体制改革市场化的导向下，知识产权行政体制和社会体制只有同步朝着市场化的方向转变，才能适应新的生产关系促进生产力发展的要求。区块链技术所采取的‘分布式架构’的技术特点，契合了这种市场化改革的需求。”[3]经济学方面的研究提出数据确权的新思路，即将数据本身作为产权的一种外在表现，在数据确权时统筹考虑所有权、支配权、使用权、收益权和在某些特定时刻的让渡权利等。在数据控制技术方面，高富平等主张，控制人为了获取数据投入了一

---

[1] 文禹衡．数据确权的范式嬗变、概念选择与归属主体 [J]. 东北师大学报（哲学社会科学版），2019（5）：69-78.

[2] 余俊，张潇．区块链技术与知识产权确权登记制度的现代化 [J]. 知识产权，2020（8）：59-67.

[3] 余俊，张潇．区块链技术与知识产权确权登记制度的现代化 [J]. 知识产权，2020（8）：59-67.

定的资本，那么这就是他所获得的资产，即数据资产，可以有权对其进行分配和使用。如果将数据资产作为数据主体和数据控制人共同享有，将导致数据主体权利不明，相关数据法律关系不能成立，无法实现数据价值。[1]总之，我国的数据确权与数据资产管理研究已经完成对其规律性的认识，正迈向顺应规律探索融合应用阶段。

总之，虽然数据确权与数据资产管理在中期研究阶段取得一定理论范式的探索研究成果，但其实践应用仍然存在局限、条件，应用广度不仅不够，而且应用的效度也不高。

三、近期研究的转型融合应用阶段

从国外的研究成果来看，数据确权的实质就是要解决数据收益“分配给谁”“分配多少”“如何分配”的数据权属问题与数据收益问题。从分配主体论的视角来看，松桥翔太（Shota Ichihashi）认为，个体产生的数据往往为在线平台所占有，这是个体数据的非竞争性特性导致的，所以个体难以获得数据补偿。[2]国外学者就此问题进行深入研究，提出应该兼顾数据来源个体、数据平台和技术人员之间的权益问题，如康特西斯（Anastasios Dosis）等构建由一个垄断型数据平台和一组用户构成的数据产权模型，侧重研究数据使用者和数据所有者的数据权利偏好，还进一步研究数据平台拥有的高值数据权利特性。[3]此外，国外学者还对个人隐私数据权益进行剖析和保障方面的研究，如香农等的数据价值评估方法[4]，以及一些学者提出的个人隐私数据有偿使用规则。由此

[1] 王玉林，高富平．大数据的财产属性研究 [J]. 图书与情报，2016（1）：29-35，43.

[2] ICHIHASHI S. Non-competing data intermediaries [R]. Staff Working Papers，2020.

[3] DOSIS A，SAND-ZANTMAN W. The ownership of data [J]. TSE Working Papers，2020（9）.

[4] RAO D，KEONG N W. A method to price your information asset in the information market [C] // 2016 IEEE International Congress on Big Data. USA：IEEE，2016.

可见，国外的研究成果旨在解决数据的权益问题，实际上解决数据资产融合管理的基础理论范式和实践范式的融合互动问题。

从国内的研究成果来看，因为安全需要和法规要求，所以整个数据资产流通管理领域即将进入密态时代，要将关系国计民生各行各业的数据用于市场营运业务，数据密态技术才是目前在安全性、可靠性、适用性和成本低等方面能达到关键保障技术要求的安全措施，[1]而且我国的数据确权已经达成融合应用数据密态技术的共识。清华大学张超指出："实现数据确权与保护，数据密态渐成行业共识。"[2]他在研究中提出："密态数据的隐私计算技术，解决了数据确权与隐私保护的很多痛点，但是在实践落地中仍然存在挑战，需要进一步融合多种技术甚至与法规相配合，才能更好地推动密态数据的确权、流通与交易等商业应用的实用化落地。"[3]而目前的问题是"隐私计算单一技术并非所有应用的最佳解决方案、当前的隐私计算面临着效率瓶颈，包括本地计算效率以及网络通信效率等、隐私计算系统也面临着传统的安全风险以及技术方案不能完全解决数据确权与合规的问题，需要标准、法规的支持与配合"[4]。接着，许多学者紧紧围绕这种"数据密态"需要的隐私计算，研究提出隐私计算技术和匿名化技术，如贾轩等指出"隐私计算技术在不获知其他参与方原始数据的情况下处理数据，保障数据在流通与融合过程中的'可用不可见'，成为数据安全合规流通的一种'技术解'，已被应用于数据密集型行业。通过隐私计算在金融、医疗、政务及新型场景中的典型应用，梳理相应应用范式，并提出问题与展

---

❶ 韦韬，潘无穷，李婷婷，等．可信隐私计算：破解数据密态时代"技术困局"[J]. 信息通信技术与政策，2022（5）：15-24.

❷ 张超．实现数据确权与保护，数据密态渐成行业共识 [EB/OL].（2022-05-24）[2024-04-24]. https：//tech.cnr.cn/techph/20220524/t20220524_525836156.shtml.

❸ 张超．实现数据确权与保护，数据密态渐成行业共识 [EB/OL].（2022-05-24）[2024-04-24]. https：//tech.cnr.cn/techph/20220524/t20220524_525836156.shtml.

❹ 张超．实现数据确权与保护，数据密态渐成行业共识 [EB/OL].（2022-05-24）[2024-04-24]. https：//tech.cnr.cn/techph/20220524/t20220524_525836156.shtml.

望”[1]。匿名化技术则是将个人信息经过处理，使之无法识别出特定的人。匿名化之后的信息在流通的时候，即便泄露也不会泄露个人信息。个人的隐私权可以得到保障，也不会因为信息泄露导致诈骗等。[2]总之，在近期研究阶段，数据确权与数据资产管理实现一定融合应用的理论范式和实践范式的融合互动、范式拓展，但是仍然受技术难题限制，存在实践应用率不高、应用成本高等突出问题。

第二节　数据确权与数据资产管理的地位和功能

由数据确权与数据资产管理的发展历程可知，数据确权与数据资产管理之所以成为全球研究的重点、难点和热点问题，与其说是因为技术攻关难和技术要求先进，不如说是因为海量数据和实现数据资产融合应用具有信息价值、知识价值和加工分析后的爆发性价值，而且这些价值具有较高的价值收益性、价值应用性，对社会生产力和生产关系都产生巨大的影响效应，其引领地位与功能不仅是高、复杂和效益的问题，而且其价值难以估量和评估达到精准。正因如此，习近平总书记指出：“数据基础制度建设事关国家发展和安全大局，要维护国家数据安全，保护个人信息和商业秘密，促进数据高效流通使用、赋能实体经济，统筹推进数据产权、流通交易、收益分配、安全治理，加快构建数据基础制度体系。”[3]由此可见，数据、数据确权、数据资产管理的地位和功能涉及政治、经济、文化、民生和生态等领域，关系到国家发展和安全大局。

---

[1] 贾轩，白玉真，马智华．隐私计算应用场景综述 [J]. 信息通信技术与政策，2022（5）：45-52.

[2] 韦韬，潘无穷，李婷婷，等．可信隐私计算：破解数据密态时代“技术困局”[J]. 信息通信技术与政策，2022（5）：15-24.

[3] 习近平．加快构建数据基础制度　加强和改进行政区划工作 [N]. 人民日报，2022-06-23（1）.

一、数据确权与数据资产管理的政治地位和功能

数据确权与数据资产管理事关国家发展和安全大局，关系个人信息和商业秘密的保护及数据的高效流通使用。因此，笔者的研究不仅能高效地规范数据要素市场与数据行为，形成数据行为范式，展示数据要素功能，引领高质量的经济发展，而且能助力国家巩固国际地位、掌握国际话语权，让安全更稳、人民更富、商业更活。

（一）数据确权与数据资产管理是国家安全及国家的国际话语权的支撑

在传统社会，数据的二维结构不太可能产生爆发性价值，所以数据确权没有引起重视，更不会因数据权属而出现社会效益纷争。在数智时代，数据具有结构化、非结构化等多种形态，并能在海量数据聚集中产生爆发性价值，从而具有资源属性，成为社会各界抢占资源高地、研发应用高地的资产。从国家层面来看，数智时代的中国特色社会主义现代化建设事业所面临的风险、挑战和威胁是前所未有的，形势是异常复杂的，安全的环境和正确的方向至关重要，应对这些风险和挑战，大数据是有力的武器和可靠的资源。在政治领域，有关数据的精准掌握和加工分析不仅能及时掌握精准的信息情报，而且能掌握一些数据聚集后的“非因果”式爆发性价值信息和预测信息。因此，数据安全必然成为新时代重要的国家战略，数据必然成为关乎国家发展和安全大局的重要资源。无论是国家掌握的，还是公共部门之外产生的能够影响一国整体利益的非国家掌握的海量数据，一旦涉及数据跨境，就很可能对国家安全产生深刻的影响和严重的威胁，并产生不可估量的后果，如基因数据外泄事件就是在数据权属不明和数据资产管理不善的情况下发生的国家发展与安全的典型案例。

同时，在数智时代，影响数据市场运行效率的外部因素较多，从内部加强

立法建设是政治保障的重要措施。一方面数据的使用对个人隐私权等权益的侵犯，另一方面数据的使用对国家整体安全产生的潜在风险。而面对数智时代所产生的外部效应，目前多数国家都采取立法的方式，将这些外部负面影响引入内部化预先管理。例如，美国在2017年发布《国家安全战略报告》，其中提到要将数据安全作为网络安全工作的中心，并通过出台一系列规范对国民的隐私和安全加以保障。我国在2009年修正的《中华人民共和国刑法》“第二编分则”的“第四章侵犯公民人身权利、民主权利罪”中，将侵犯公民个人信息的行为纳入刑法的管辖范围；在2013年修正的《中华人民共和国消费者权益保护法》第14条中，明确规定消费者的个人信息受法律保护。《中华人民共和国民法总则》（已废止）在第111条中规定对个人信息的法律保护。2020年4月公布的《中共中央　国务院关于构建更加完善的要素市场化配置体制机制的意见》第25条指出，将数据作为生产要素之一。2022年12月，《中共中央　国务院关于构建数据基础制度更好发挥数据要素作用的意见》为数据要素市场的建立、数据要素流通的实现及数据要素作用的充分发挥指明方向。由此可见，虽然我国的这些立法行为，有的是增加数据处理者的义务，有的是对数据处理监督活动的强化，但是总体来说均属于数据确权的配套措施。随着人工智能、大数据技术的不断深入发展和深度智能融合应用，在数智时代的数据流通将变得更加频繁，所面临的数据安全问题将变得更加严峻，而实现数据确权与数据资产管理是破解此困境的必然路径。[1]

（二）数据确权与数据资产管理是促成数据市场行为的基本保障和前提条件

2022年12月，中共中央、国务院发布《关于构建数据基础制度更好发挥数据要素作用的意见》。该意见中除“指导思想”“工作原则”“保障措施”外，

[1] 赵宏伟，茹克娅·霍加．大数据时代数据确权的缘起、挑战与路径[J]．网络空间安全，2023（3）：107-114.

其他内容的核心是建立四类数据基础制度体系。数据产权制度体系下的基础制度多达5项，从数据产权结构性分置到公共数据、企业数据、个人信息数据的确权授权及对数据要素各参与方合法权益的保护等，构建数据产权运行的基本规则，为其他三类数据要素制度的建设奠定基础。数据产权制度不仅能推动数据按照公共性、商业性、公民个性分级分类确权，为共同进入市场收益作准备和铺垫，而且能理清数据资源持有权、数据加工使用权、数据产品经营权，活跃市场，并形成产权权益机制，健全数据要素权益保护制度，稳定社会、强国富民。由此可见，数据确权与数据资产管理是新时代非常重要的制度安排，是推动数据秩序化、安全化、市场化、收益化、资源化、规则化和文明化的逻辑起点，即以数据确权为中心，可以明晰数据权利规则，建立数据权利秩序，明确数据权利界限，固定数据权利内容，规制和促进数据流通、数据许可、数据税收、数据管理，也能保护数据隐私、防止数据暴力等。

（三）数据确权与数据资产管理能促进数据安全流通和交易，进而活跃市场、促民增收

确认数据产权不仅为数据交易和流通提供前提，而且有助于提高数据交易和流通的效率，降低其成本。科斯定理认为，只有在初始权利确定后，才能产生交易。一方面，只有存在明晰的产权，数据交易才具有确定性；另一方面，只有对数据进行确权，相关主体才能确信交易具有合法性。反之，数据交易本身可能面临极大的法律风险。因此，数据安全流通和交易的基础与前提是数据权益清楚、权责明确。数据安全流通和交易是数据要素市场的关键环节，可以促进高价值数据的汇聚连接、开放共享及加工分析，最大限度激活数据信息价值，实现“数为人类”，推动数字服务人、解放人的发展导向和本能。由此可见，数据确权成为数据服务人和人的利益分配的逻辑基础，成为市场行为公平互惠的前提和起点。围绕数据流通和交易的全流程，人类社会必须建立数据安全流通和交易制度的权责，完善数据安全流通的资质制度和数据安全保障流通

准则及权益，保障数据高效地开发利用，明确数据资源的合法收益边界，避免权属与权利纠纷，杜绝数据暴力、数据宇宙等乱象，进而保障数据主体权益、活跃市场数据要素、增加数据收益红利。

（四）数据确权与数据资产管理是数据收益分配的规则保证

我国数据市场化配置的过程目的是促进数字经济发展，但最终目的应是使发展成果由全社会共享。数据收益分配制度，一方面要体现公平、正义和公开，另一方面要致力于保障市场主体按其数据体量和信息价值大小获得合理收益。因此，必须激发各类数据主体积极参与数据市场的优化配置，在实现数据要素收益分配前先实现数据权属、权益和责任。这不仅肯定各类主体（如个人）作为数据所有者的权益、数据贡献率，而且充分肯定数据要素收益分配公平制度化、合理性和合法性的发展进程，体现人民共享数据发展红利的社会制度优越性、公平性、公正性和人民性。

（五）数据确权与数据资产管理是数据安全治理的前提条件

从市场运行的角度来看，外部性是影响市场效率实现的因素，而数据市场的外部性则主要是数据的使用对个人隐私等基本权利的侵犯及对国家整体安全的潜在危害。近年来，数据泄露事件的数量持续增长，侵犯隐私产生的危害日趋严重。除隐私之外，数据滥用还可能侵犯民众的基本人权，甚至危及生命。数据确权不仅能让数据主、客体在数据收集、储存、开发、利用等环节中出现乱象时保障组织管理机关实现数据溯源追责，而且能让处于萌芽期的数据乱象被国家权力机关及时及早地发现、精准干预和高效调控，确保实现数据安全治理和安全预防。

总之，从数据的政治地位及功能可以看出，数据确权与数据资产管理是新时代一个国家重要的治理制度设计内容，是激励和约束数据要素市场主体行为、保障数据要素高效安全参与分配、促进数据要素发挥作用的制度选择，不仅有助于提高国家数字化发展的统筹协调能力、社会整合能力、风险应对能力、总体安全保障能力，而且能充分发挥数据要素的作用，促进数据生产力发展，保障人民群众的数据权益，更好地服务于经济社会的高质量发展。

二、数据确权与数据资产管理的经济地位和功能

2019 年 10 月，中国共产党第十九届中央委员会第四次全体会议通过的《中共中央关于坚持和完善中国特色社会主义制度　推进国家治理体系和治理能力现代化若干重大问题的决定》指出，“健全劳动、资本、土地、知识、技术、管理、数据等生产要素由市场评价贡献、按贡献决定报酬的机制”。由此可见，数据与土地、劳动、资本、技术等一样，成为并列性的生产要素。[1]正因如此，2022 年 1 月国务院发布的《“十四五”数字经济发展规划》中规定：数字经济是继农业经济、工业经济之后的主要经济形态，是以数据资源为关键要素……的新经济形态。推动生产要素数字化转型，充分开发和利用数据中的价值，是发展数字经济的重要途径。数据作为一种特殊的资源，具有所有权、使用权、运营权、收益权、隐私权等不同的权利属性，明确数据的权利所有者是实现数据流通及交易的前提。只有产权界定清晰、权责明确，数据才能共享流通，发挥其价值。[2]

（一）数据已成为影响市场经济运行的关键生产要素

数据成为生产要素是数智时代生产要素发展的重要突破，也是由数据本身的价值特征与海量数据聚集后的爆发性价值特性决定的。虽然新冠疫情暂时

[1] 赵鑫．数据要素市场面临的数据确权困境及其化解方案 [J]. 上海金融，2022（4）：59-68.

[2] 国务院．国务院关于印发“十四五”数字经济发展规划的通知 [EB/OL].（2022-01-12）[2024-04-14]. https：//www.gov.cn/zhengce/zhengceku/2022-01/12/content_5667817.htm.

阻断了人们的近距离交流，但无法阻碍人们的远程办公、在线教育、直播带货等“云上社交”和“云上经济”的迅速发展，这些非近距离的接触式服务新模式对经济发展的引领作用是深远的、有效的和可持续的。因此，数据是数字经济的基础性、战略性资源，受到世人青睐。当今，以大数据应用为代表的数字经济迎来重大的发展机遇。习近平总书记在2020年中国国际服务贸易交易会全球服务贸易峰会上提出，支持北京市设立以科技创新、服务业开放、数字经济为主要特征的自由贸易试验区，数字经济正式被纳入国家战略。时至今日，大数据采集、处理、分析、挖掘等技术已在商业、金融、制造、研发、政务服务、公共安全等领域中得到广泛应用，大数据应用已深入社会生活的每个角落。数据成为生产要素，不仅在实践中形成一定形式的理论范式，而且形成一定形式的实践范式，即“数据成为生产要素的理论依据，在于其大规模可得性与促进全要素生产效率提升。数字经济基于信息经济的成熟发展，在信息技术普及的前提下，当前无论是人们的生活消费、社交娱乐还是教育医疗，抑或是生产者的生产经营，都已经大范围在网络上开展甚至依赖于网络；每个个体都成为数据的生产者，每个时间节点都有无数的数据得以产生，再加上云空间等数据存储介质的发展，数据得以成为生产要素的首要前提——大规模可得性已不成问题。但是，仅具有大规模可得性的特质并不一定能够成为生产要素，其还需要能够有效促进与其他要素之间的配置效率，从而提升生产力”[1]。第一，数据是生产力，能改善生产关系，即“大数据是一种‘道德生产力’”，它不仅能因人们的个性化需要而形成个性化的供给市场，还能让人们在个性化的市场中实现精准供给、智能服务和道德选择。第二，“数字经济是以算力、算法、数据为主体构成的三维经济结构。算力与算法的发展，为数据成为关键生产要素奠定了实践基础”[2]。一是算力使数据被大量融合应用于市场行为。二是算法使数据的信息价值和爆发性价值呈现，即“算法的发展为数据促进劳动、管理

---

[1] 赵鑫.数据要素市场面临的数据确权困境及其化解方案[J].上海金融，2022（4）：59-68.

[2] 赵鑫.数据要素市场面临的数据确权困境及其化解方案[J].上海金融，2022（4）：59-68.

等生产要素之间的有效联动与配置提供了助力”[1]。三是数据本身的信息价值和海量数据聚集后的爆发性信息价值，使市场找到社会需要和个性需要及一些闲置资源的共享需要等。以数据、算法、算力为主要代表的数据生产力是一个结构复杂的系统，算力是算法和数据的基础，算力规模的大小直接决定数据处理能力的强弱，没有强大的算力支撑，算法和数据犹如空中楼阁，特别是智能算力不仅具有海量数据的处理能力，而且可以支撑高性能的智能计算，进而直接影响数据生产力的发展。

（二）数据确权是数据流通的前提

促进数据流通共享、实现数字经济发展成果共享、共建人类命运共同体，是数字社会发展的必由之路。这意味着数据要素市场不只是数据交易的市场，更重要的是数据能在各主体之间流通并产生收益，但数据确权不明确会使数据在流通、交易、收益和使用过程中的可解释空间变大，导致市场的规范性变差，从而影响数据流通和融合应用。例如，根据《腾讯微信软件许可及服务协议》，微信账号的所有权归深圳市腾讯计算机系统有限公司所有，而用户只享有使用权，不得赠与、借用、租用、转让或售卖微信账号。而在重庆商社新世纪百货有限公司与深圳市腾讯计算机系统有限公司的名誉权纠纷案中，深圳市腾讯计算机系统有限公司又解释称账号所有权属于用户，公司本身并没有占有处分权和所有权。[2]为保障数据流通顺畅，数据确权是数据要素市场相关主体的共同诉求。一方面数据确权可以充分保障数据流通各参与方的权益，否则数据流通带来的价值和收益无法分配，甚至会出现被少数人独占的情况。若这种行为得不到有效治理和调控，就会培养更多为价值和利益而不择手段的人，会造成数据暴力、数据隐私安全等重大事故，甚至引发一些不可预测的重大生命

---

[1] 赵鑫.数据要素市场面临的数据确权困境及其化解方案[J].上海金融，2022（4）：59-68.

[2] 国家工业信息安全发展研究中心.中国数据要素市场发展报告（2021—2022）[EB/OL].（2022-11-30）[2024-04-25]. https：//www.cics-cert.org.cn/web_root/webpage/articlecontent_101006_1597772759436365826.html.

财产损失风险和事故。另一方面数据资产估值的前提也是数据确权，确权的数据有利于在流通中实现资产估值，并可形成在市场的调控下逐步趋于合理的价格，从而保障数据收益的形成。同时，数据确权是数字经济的起点。当数据权属明确时，因数据而形成的数据经济业态就能在市场调节中形成繁荣的市场经济，形成有序的公平、互惠交易，否则数据的资源性只会让特殊权限掌握者独占利益、膨胀贪欲之心。

（三）数据资产入表的前提是对确权数据的确认、计量和披露

首先，须明确数据资产入表，到底是入哪个表。对此，根据财政部《企业数据资源相关会计处理暂行规定》[1]，应将“数据资源”纳入资产负债表，该会计处理行为被称为“数据资产入表”或“数据入表”。[2] 数据资产入表是指将数据确认为企业资产负债表中的“资产”一项。数据资产入资产负债表，以在财务报表中体现其真实价值与业务贡献。数据资产入表是显化数据资源价值、真实反映经济运行状态的需要，是促进数据流通使用、实现按市场贡献分配的需要，是培育数据产业生态、探索发展数据财政的需要，是提升数据安全管理、实现安全可控发展的需要。总之，为保障数据的经济价值更加准确地体现在财务报表中，在数据资产化的过程中，数据确权是基础和前提条件，难度也最大，是目前数据确权研究的重点、难点和热点问题。但是，只要有所突破，确权的数据就能成为资产，被确认、被赋值、被计量，最终成为一种资产要素带给所有者权益，包括增值利益和风险责任。

---

[1] 财政部．关于印发《企业数据资源相关会计处理暂行规定》的通知 [EB/OL].（2024-01-01）[2024-04-25]. https：//www.gov.cn/gongbao/2023/issue_10746/202310/content_6907744.html.

[2] 马清泉．数据资产“入表”，所涉法律合规问题探讨 [EB/OL].（2023-09-04）[2024-04-25]. https：//www.wincon.com.cn/major/14231.html.

（四）数据确权是赋予数据资产管理经济地位和功能的基础

诚然，数据化的资产管理比传统的资产管理更便捷，但是若这种资产管理不以数据确权为基础，则数据资产管理中出现的权益收益与风险责任就分不清楚，还会造成混乱、无序甚至不可收拾。此外，数据资产的所有权界定不清，会带来极大的社会发展不确定性。一是数据市场交易秩序无法建立，即无法迅速地找到交易对手，无法合理地确定交易对象，无法有效地提供交易方式。二是市场主体得不到激励和约束，甚至可能承担侵权责任。三是隐私权无法得到充分的保护和尊重，因为所有权不清晰将导致数据交易的边界和尺度无法确定，数据使用者对其行为承担的责任也就难以划分。这些不确定性极大地增加数据资产交易的成本，也不利于推动数据整合，抑制数据的共享和流通，无法激活数据资产的价值和创新应用，最终限制数据资产交易的规模及数据产业生态系统的建立。总之，数据确权是数据流通收益、数据估值的基础，没有确权，就无法准确地估值与定价，更无法进行后续财务报表的入表、计量与披露，甚至无法使数据安全流通和维护社会稳定。正因如此，2021 年 12 月 17 日，清华大学发布新一代数据确权与交易关键技术，指出“新一代技术通过新型密码技术和经济学机制设计技术解决了数据确权等难题，为解决大规模数据交易提供了有效解决方案”[1]。但是，截至目前，这项技术还在不断完善，还需深入研究以形成诸多研究理路和可实践路径进行配套使用。

三、数据确权与数据资产管理的文化地位和功能

回望人类的科学技术发展史，科技可以改变社会生产力及生产关系，形成新的文化范式，并使文化朝着一些无法预知的方向发展。近代，金属活字印刷机在欧洲被发明后，使知识得以迅速且广泛传播，不仅打破知识垄断，而

[1] 张佳星．专家呼吁：发展数字经济需解决数据确权问题 [EB/OL].（2021-12-20）[2024-04-25]. http：//m.stdaily.com/index/kejixinwen/2021-12/20/content_1240338.shtml.

且进一步引发欧洲宗教改革。纵观中国古代的四大发明，几乎改变了世界的全貌和文化，如学术文化、军事文化、航行文化等所受影响更深。在数智时代，人工智能、大数据等科学技术的深度智能融合应用，传统的商业文化、人类的生产和生活文化及娱乐文化都发生深刻的演进，出现文化演进中的“加”“减”“融”等现象。我们在研究土家族文化时指出：“正因如此，面对中国特色社会主义的新时代，土家文化必然要在首先厘清发展规律、发展生态、发展机遇和挑战的基础上，勇于在新时代挑战面前抢抓和培育发展先机，充分利用人工智能、大数据等新时代的先进科技深度融合谋求‘加、减、融’发展，即谋求‘活下去’发展、谋求‘走出去’发展、谋求‘引进来’发展、谋求‘融汇性’发展，最终实现土家文化的自身壮大发展及融入中华文化、中国特色社会主义文化和人类命运共同体文化之中发展，形成特色文化、民族文化和魅力文化。”[1] 由此可见，科学技术在惠民的全过程中远远超出其最初发明者的初心，不仅是人类生产和生活的得力实践工具，而且深刻地成为丰富拓展、整合控制人类精神意志的文化形态。同时，数据确权与数据资产管理正在改变着人类文化。人类需要在若干选择中进行博弈，从而做出更符合人类自身发展的抉择。从信息工程学的视角来看，数据的文化功能就是由信息发送端通过一定的信息通道传递到信息接收端，信息接收端将收到的信息处理后，再通过同路径反方向的信息通道反馈给信息发送端，从而实现信息交流，达成信息有用的价值。在整个过程中，涉及信源、信源编码、信源通道、信源噪声、信源译码、信宿的信息处理。随着人类对现实世界认识的不断深入，知识也不断积累，人们可利用的知识逐渐出现一定的新形态，如符号、文字、数字等。这就是数据产生文化的原理。数据确权与数据资产管理是对海量数据聚集后的数据产权与数据资产权益的深度思考，其产生文化的特性同样遵循数据文化逻辑，即数据确权与数据资产管理的过程都充分体现“数据⟷信息⟷知识”

---

[1] 潘军，等．数智时代土家族文化传承与发展的现实境遇与应对策略 [J]. 西南民族大学学报（人文社科版），2024（4）.

的数据文化发生学原理。在数智新时代，大数据、云存储和云计算等科技基础的整体提升、普遍应用，形成新时代新的数据生产力或者智能生产力，并在一定程度上引发人们的思维范式和行为方式自觉地拓展超越一些传统模式。人们的思想意识、行为价值和情感趋向等方面发生了适应现代社会的常态性与爆发性变化，上层建筑中政治、经济、文化、生态等领域的形势升级及人与人、人与社会、人与自然之间关系的变化，人的道德伦理、社会价值观和生态观等也随之发生新拓展、新优化、新转型、新升级。一方面人们除了传统的依靠"知、情、意、信、行"发挥人的主观能动性形成"问题→知识→问题"的思维范式之外，还拓展了"问题⟷数据⟷问题"的新思维范式，使人们的思维范式有了走路的"两条腿"，即人们的思维更活跃、更稳健，思维范式彰显出较强的鲁棒性；另一方面"大数据+"形成的工业区块链让使用区块链的智能合约和智能结算在智能算法的支撑下形成数字经济新模式，在一定意义上完美地解决供需双方因信息不对称和信任不对称引发的若干经济矛盾与制约，使供给矛盾得以缓和消解，甚至实现零库存生产下的顾客对工厂（C2M）的经济模式。

（一）拓展数据化、精准化和智能化的新的人际关系文化

随着现代人完全融入并习惯应用大数据，各种智能终端及网络智能平台，如智能手机、智能手表、智能穿戴及QQ、微博、微信等，昼夜不停地产生、加工各种结构化、非结构化、半结构化的信息数据，使人类社会及人际关系越来越数据化、智能化、虚拟化和全天候化。由此可见，数据、数据确权与数据资产管理是科技助力的产物，而科技的进步使压迫与被压迫、剥削与被剥削的人际关系逐渐向人人独立自主自由转变，使人们有了天然的平等、自由全面发展的可能。数据、数据确权与数据资产管理也有促进人的自由全面发展和改善人际关系的作用。同时，科技的进步必然在一定程度上促进人的繁衍形式、质量的提升，否则医学就没有研究的人类学意义了。

1. 数据化的新的人际关系文化形成

从人类社会学的视角来看，每当一种先进的社会生产力出现，都或多或少地会给人际关系带来一些影响，而人工智能、大数据的数智时代产生的这种影响比任何历史时代的影响更为深刻且复杂。特别是随着大数据逐渐融入生产、生活，人们的社会意识、社会活动乃至生存环境越来越趋于数字化、数据化、网络化和智能化，人类世界也被虚拟化为"类人类世界"，而这个虚拟世界的运行规则正折射并改造人类在真实社会中的言行举止和思维方式。过去，人们主要依靠知、情、意、信、行的主观思辨范式进行公民道德选择能力的培养与提升；如今，人们通过多样化的思维范式来进一步拓展。由此可见，一方面，人们更多的希望这种先进的社会生产力能助力自己的人际友谊和浪漫关系；另一方面，人际关系不仅数据化，而且人际关系的牵引力、思维范式等都发生变化，甚至这种变化的人际关系在当前的人工智能大数据新时代可实现一定程度的"量化"，以至于人工智能大数据新时代的人们想留一点个人隐私都似乎成了"一厢情愿"和一种奢望。当然，在数据确权与数据资产管理中，这种数据化的人际关系更加突出，它牢牢地将人的情感、意识、行为等数据聚合成"类人类数据世界"，并将数据权益分清，实现数据资产化、数据工具化。数据资产化是实现个体思想、情感、行为数据的可交易的市场化、商品化；数据工具化是实现数据在"信源⟵⟶信道⟵⟶信宿"中的驱动作用，让数据多"跑路"、人类少跑腿。

2. 精准化的新的人际关系文化形成

数据确权与数据资产管理不仅反映数据人际关系文化，呈现人际关系的数据权益化、资产化、工具化，而且深刻地反映人际关系文化形态中数据工具化、资产化、权益化的精准化，即不仅数据的所有权人是谁、支配者是谁、受益者是谁、使用者是谁等边界精确、权属明确、责任可溯源、使用规范，还体现出精准化的可预测、可调控。例如，伦理学著名的"电车难题"（Trolley Problem）思想实验是 1967 年由英国哲学家菲利帕·福特（Philippa Foot）提出的。之所以说它是个难题，是因为这个困扰学界50余年的问题，无论怎样选择，都是一场对道德的拷问，是无法妥善做出道德选择的一个世界性难题。然而，在实现数据确权与数据资产管理的人工智能大数据时代，面对“电车难题”时，如果把人类的伦理道德及事故规避规则等内容植入智能终端，依靠科技进步、技术突破，建立快速响应的人机对话机制，在发现危险或者可能有危险发生前就预测到危险，并通过后台操作系统、数据驱动智能终端在事前就将信息传递给相关机构和人员，在电车到达前就消除危险或者提早告知电车停止行驶，以及采取其他反应更快的处理措施清除危险，就能完全避免陷入选择难题。总之，就是在技术上避免“电车难题”事件，实现不伤害任何人利益的更善的、更趋近于大善的道德价值结果的事前道德选择。

3. 智能化的新的人际关系文化形成

实现数据确权与数据资产管理，人际关系文化中的数据工具化、资产化不是靠实践劳动完成，恰恰是这些数据驱动完成，即数据在“信源⟷信道⟷信宿”和“数据⟷信息⟷知识”的运行原理中，获得爆发性价值的预测力、智能驱动力、实践劳动力，让人的实践劳动能力和智力在一定程度上让渡给智能机器。正如电车难题，在实现数据确权与数据资产管理时，涉及电车人事物的数据都会被提前预测、自动修理，不仅能做到危险提前解除，还能让电车的运行更安全、更节约成本，即能实现电车中的机械何时修理合适、如何修改合适，既降成本又保安全。

（二）形成“生死—命运—利益—情感”共同体之新文化

从数据文化发生学原理的视角来看，人类命运共同体的科学内涵获得海量数据聚集的助力，呈现“生死与共的存在共同体新文化”“命运与共的成长共同体新文化”“利益与共的发展共同体新文化”“情感相惜的美丽共同体新文化”。

1. 生死与共的存在共同体新文化

从马克思主义哲学的视角来看，数据是人的主体力量的外化，人在哲学视野下要追问生死的问题。当然，作为人的主体力量外化的数据，同样是伴随人的生而生和人的死而死的。正是这样，共同体必然包括“人类生命共同体”和“人类健康命运共同体”。这是人类把研发与应用人工智能作为助力人全面解放和自由全面发展的最根本、最基础的共识逻辑、实现逻辑和基础前提。当然，人工智能也是以数据为基础的产物。由此可见，数据确权与数据资产管理在拉近人际关系、共享数据红利的同时，其实人的生的全过程与死的一刹那都牵动着人们的心和利益。也就是说一个人或一个群体人的出生或死亡，意味着新的关系这个人或这个群体人的海量数据“上线”或“下线”，海量数据聚集后在“数据⟷信息⟷知识”中形成新的知识、个性、喜好、人生观和价值观或减少一定范围的知识、个性、见解、人生观和价值观。正因如此，马克思主义认为，人类“……我们不要过分陶醉于我们人类对自然界的胜利。对于每一次这样的胜利，自然界都对我们进行报复”[1]。特别是在新冠疫情期间，人们更能体会到生死与共的存在共同体新文化的存在及其重要性。

2. 命运与共的成长共同体新文化

作为人的主体力量外化的数据，不仅是对人的思想、情感和行为的记录，而且是关于人的成长历史、成长智慧的记录，人的七情六欲都体现在这些数据中。因此，数据确权必须处理好这些数据中的隐私数据安全，还要处理好这些数据的所有权、收益权和爆发性价值的研发权等数据资产管理与权益问题，不能只把这些记录数据、演进数据、权属数据和权益数据看作社会问题数据，还应当将其看作社会常态化的文化，只有对其认识、掌握和利用，才能解决问题，才能培养人们的数据素养。正是这样，在世界百年未有之大变局的新时

[1] 马克思，恩格斯．马克思恩格斯选集：第 3 卷 [M]. 中共中央马克思恩格斯列宁斯大林著作编译局，编译．北京：人民出版社，2012：998.

代，在中华民族伟大复兴战略全局的历史交汇期，在新冠疫情期间，在全世界人民因价值追求迷茫而召唤多元价值的飞跃期，全人类深刻认识到只有紧紧相抱、相依、相识、相惜、互利、相交、相印，才能走出逆境，共同寻找发展机遇，才能为世界和平、共同发展、交流互鉴打好基础，在命运与共的发展道路上拥有美好未来。

3. 利益与共的发展共同体新文化

作为人的主体力量外化的数据，之所以被人类看得如此重要，是因为海量数据聚集后产生的爆发性价值利益。数据的真正价值是在其应用的过程中所创造出来的价值信息，无论是否出于自愿，个人、企业、政府乃至一个微小的设备都在时时刻刻贡献、使用并创造数据。这些数据作为数字科技发展的重要媒介，在社会文化活动中具有关键作用和互联作用，因此也受到人们的普遍重视和青睐。特别是当前在网络快速普及和数据无限流动的社会形态中，数据产业越来越变成巨大的资源，是企业成长和价值产生的主要动力，以至于一些外国专家把其称为“石油”。数据具有人格性利益和财产性利益的双重利益。就数据涉及主体多的情况而言，一个数据从形成到出现在数据交易平台上，这一过程可能牵涉多个利益主体。因此，数据确权与数据资产管理必然是有“利益”的驱动和引领。数据确权与数据资产管理不仅要把“利益”这块蛋糕做得更大以分得更多，而且更重要的是让蛋糕分得公平，分出和谐关系和团结一致。正因如此，马克思说：“‘思想’一旦离开‘利益’，就一定会使自己出丑。”[1]实际上，数据、数据确权与数据资产管理是利益与共的发展共同体之智慧、意识和文化。

4. 情感相惜的美丽共同体新文化

数据、数据确权与数据资产管理不仅是关于人的数据，而且是连接人与

---

[1] 马克思，恩格斯．马克思恩格斯文集：第1卷[M]. 中共中央马克思恩格斯列宁斯大林著作编译局，编译．北京：人民出版社，2009：286.

人、人与社会、人与自然的关系网络文化数据。这不仅体现人的社会属性和本质，而且充分体现数据、数据确权与数据资产管理的爆发性价值的充分必要条件是数据是有关系、有联系的社会化数据，数据是有价值、有情感的信息数据；数据不仅记录人的一切身心变化，思想、情感和行为的演进发展的信息，而且深刻地联动人与人、人与社会、人与自然的爆发性关系和价值及意识情感形态。因此，人工智能的研发与应用要通过数据的聚集和爆发性价值找到非向上向善的数据及数据驱动的原因、形成要素，更要解决一些问题的根本原因和形成制约因素，从而使人类世界和社会活动在人工智能的助力下增光、增暖、增爱、增信、增福。当然，这也充分体现数据、数据确权与数据资产管理背后的科技力量、科技文化真善美的魅力，而且体现数据、数据确权与数据资产管理的文化功能。

四、数据确权与数据资产管理的民生地位和功能

数据确权与数据资产管理在民生领域也有重要的贡献。首先，数据源于人民，人民共享数据。一般来说，数据确权与数据资产管理所涉数据都是公民的思想、情感和行为数据，即使社会组织机构中的数据，也有很多是社会组织机构中劳动人民的思想、情感和行为数据。这些数据权属明确、能实现资产化管理，必然能以经济回报、价值回报、预测回报使人民的生产、生活更加美好。这种数据确权与数据资产管理之民生地位与功能在经济地位与功能中已有较为全面的论述，此处不再赘述。

其次，数据确权与数据资产管理能给人民减贫防控与共同富裕以指导。因为在实现数据确权与数据资产管理中，聚集的数据就是公民个体的生产、生活数据，通过对这些数据的简易分析和解读可得知他们是向返贫发展，还是向共同富裕发展，这种对发展趋势的预测不仅能将数据分析信息反馈给有关部门，及时形成应对方案，而且能使数据秒级形成智能体，对公民个体给予数据驱动

之学技能、谋就业、促增收导向，甚至导向防减损、防减益。截至2023年，贵州省数字经济增速连续8年位居全国前列，作为全国首个国家级大数据综合试验区，贵州省数字经济发展的良好势头为贵州省大数据扶贫创造更好的经济社会环境。贵州省“大数据＋大扶贫”的发展方式在脱贫攻坚时期已初步形成“大数据＋应用扶贫”“大数据＋民生扶贫”“大数据＋产业扶贫”等贫困治理模式。从政府治贫的视角来看，“大数据＋应用扶贫”中的贵州扶贫云数据平台，“大数据”监督系统中的扶贫民生领域监督系统、门户网站及微信公众号等已经实现精准、动态、科学的贫困治理模式；“大数据＋民生扶贫”已经建成贵州省劳务就业扶贫大数据平台、贵州省教育精准扶贫系统、贵州省医疗健康云等，实现就业、健康和教育的数字化帮扶；“大数据＋产业扶贫”中的贵州“农业云”实现作物生产、病虫害、气象等实时监测，数字产业的发展为数字要素回报流入农村提供可能。2021年，贵州省低收入人口动态监测信息平台监测数据总量超24万条，发出预警超6万条，基于预警信息及时将0.16万预警人口纳入兜底保障，为巩固脱贫攻坚成果、防止规模性返贫提供了技术支撑。[1]

再次，数据确权与数据资产管理能给人们带来新技能、新收益。一方面，数据确权与数据资产管理能给人们带来数据资产管理的技能，使公民个体的数据和公共数据形成爆发性价值，从而使人们获得生存技能、增加收益。随着人工智能、大数据的深入发展，人们所掌握的数据确权与数据资产管理能力逐渐成为基本的能力，会像人们穿鞋子一样容易，但是这需要一定的时间积累。现在的公民个体与大数据元年的公民个体有所不同，人们更懂得用数据化的信息来提高自身的生活质量，引领人们做出更优的选择。例如，在美团App的使用过程中，美团颠覆传统“酒香不怕巷子深”“有什么吃什么”的服务理念和选择理念，能够自动定位消费者所在位置，呈现距离消费者最近、速度最快、最符合消费者口味的美食，供消费者选择。消费者能够迅速在诸多可能的选择中

---

[1] 左孝凡，陆继霞．从脱贫攻坚到共同富裕：数字技术赋能贫困治理的路径研究——贵州省“大数据帮扶”例证[J]. 现代经济探讨，2023（8）：96-107，132.

选择最符合自身需求的美食，实现个性需求的精准性。另一方面，数据确权与数据资产管理能给人们带来一些保护自己数据安全的措施、手段等，如近年出现手机贴防偷窥膜、手机界面设置密码、每个 App 都可设置密码等，实际上这是人们随着人工智能、大数据的深入发展，特别是数据确权与数据资产管理意识增强后自觉的数据保护意识与能力的体现。

最后，数据确权与数据资产管理能给人们带来自由全面的发展。数据确权与数据资产管理能给人们提供更多的知识拓展、学习推荐，也能提供针对生产、生活技能短板的高效率的学习机会和提升方法。前者，如微信中的广告，如果人们在讨论新房子装修，那么很多涉及装修产品与服务的广告会被推荐给消费者。后者，如我们经常使用数据索引，能找到自己不太容易学懂弄通的短视频、简洁的文字及图片介绍，让更多的智慧在大数据的海洋中点亮我们的眼睛、开启我们的思维。再如，过去学校教育我们根据拳头记住月份的大小，不仅复杂而且容易出错，但是在大数据时代可以搜索到口诀式的记忆法，如“七前单月大，八后双月大，七八月都大”。可见，数据确权与数据资产管理能给人们带来更自由全面发展的机会和可实践的理路，因为“大数据不仅是新的科技革命和产业变革的引爆点，更是一种新的世界观、价值观和方法论”[1]。但是，必须指出，数据确权与数据资产管理在给人们带来更自由全面发展的同时，也是有一些弊端的。大数据时代和以往任何时代一样，最终还是指向人的自由全面发展，特别是“数能”的确立和认同已大大促进人类的自由全面发展，但是人们在网络空间、自然与现实的频繁穿梭中常常忘记构建真正的共同体，忘记应追求全人类的自由全面发展，而从广义或狭义的角度理解人的自由全面发展，导致一些人陷入过多强调个体性的人类自由全面发展与过多强调社会性的人类自由全面发展两个误区，因而无法构建理性、道德、合理的真实集体或真正的共同体以实现人类的自由全面发展。

---

[1] 大数据战略重点实验室．中国数谷 [M]. 北京：机械工业出版社，2018：261.

五、数据确权与数据资产管理的生态地位和功能

数据确权与数据资产管理对生态建设的贡献是巨大的，也是较为突出的。一是数据确权与数据资产管理中的闲置数据资源可以在共享经济中获得资源利用最大化，还能产生促民增收的社会效应。二是数据确权与数据资产管理中的数据驱动能对自然生态环境进行监测，进而形成生态环境保护的问题导向，既可供监督有关部门整改，又可加强监督并形成自觉的全民生态观。三是一些行业的数据确权与数据资产管理能利用行业数据形成行业生态安全体系，使行业的生产标准数据体系成为国际标准，而这种国际标准数据必然是生态建设的重要内容。

（一）提高资源利用率：数据确权与数据资产管理中的闲置数据资源可以促成共享经济的兴起、繁荣

共享经济是“透过社交网站线上服务，基于非商主体之间获取、给予或分享商品和服务的经济活动”[1]。共享经济是随着互联网技术的不断进步、智能化移动终端的不断普及应用、移动支付的不断完善与便捷应用，特别是物联网技术与人工智能大数据技术不断完善发展的产物。截至目前，共享经济已由以线下盈利模式为主逐渐转变为以线上、线下相结合的高频互动混合模式为主的提高闲置资源利用率的现代经济模式。

1. 确权数据能在共享经济中提高利用率和收益率

共享经济的快速发展需要海量信息数据的支撑，对数据的掌控能力决定共享经济平台企业的核心竞争力，尤其是海量数据聚集量及数据抓取技术能力水平、分析加工技术能力水平。数据确权与数据资产管理实际上是将人类社会的海量思想、情感和行为中的闲置数据资源以共享经济模式营运来实

[1] 蒋大兴，王首杰．共享经济的法律规制 [J]. 中国社会科学，2017（9）：141-162，208.

现资源利用最大化，既产生促民增收的社会效应，又提高闲置数据资源的利用率。

2. 共享经济发展倒逼闲置数据的确权和资产化管理

现实中数据资源的利用率和收益率提质不高仍是数据确权难的主要原因，但数据实现确权和资产管理的动力又是数据资源的利用率和收益率。虽然当前一些数据确权制度框架是以所有权或者产权等权利为基础建立起来的，但是当包括使用权、收益权、经营权等权利在内的所有权或产权被应用于具体场景时，数据确权就会衍生诸如信息删除权、数据携带权等新权利及其不能被较好约束而出现的问题。然而发现问题相当于解决问题的一半的中国式生活理念会引领我们探究问题、剖析问题，最终解决问题。正如本书就是在科学技术哲学视野下对数据确权与数据资产管理的一种解答。

3. 数据确权与数据资产管理所支撑的共享经济正形成强大的共享经济生态

数智时代的数据确权与数据资产管理所确定的权利内容是多样的，各种权利类型均与数据源及数据源生态有着千丝万缕的联系。这就链接数据确权与数据资产管理所支撑的共享经济，共享经济是有着强大生命力和爆发性价值的，是网络化的关于人与人、人与社会、人与自然的“记录网络生态”或称“数据网络生态”。正因如此，数据确权的边界难以确定，数据的爆发性价值难以评估和分配，学术界因此出现广泛的争论，并开展深入的研究。

总之，只要数据资源能被确权，数据资源就能在权属明确的前提下变成资产，大大提高数据资源或数据资产的利用率，形成数据共享经济及其良好生态。这样一来，不仅数据资源和数据资产的利用得以提升，数据本身的价值及其爆发性价值能获得社会的认可，而且人类及社会中人与人、人与社会、人与自然的一切人、事、物数据，以及人的思想、情感和行为数据，都能实现确权和资产化管理，并能反观一切人、事、物数据，特别是人的思想、情感和行为数据，从而提升人类的自我认识和自我意识。

（二）加强生态监督治理：数据确权与资产管理中的数据驱动能实现生态保护和确立生态观

网络科技、信息科技的迅猛发展引发数据呈指数式增长，生态环境在大气、土壤、水、气候等方面也积累海量的生态监测数据，既有传统的结构化数据库数据，又有图形、文本、视频等非结构化数据，数据之间关联紧密。这些数据是通过应用现代人工智能大数据技术得到的，因为人工智能大数据技术能通过记录人类社会中的生活、分配、交换与消费等活动产生海量数据，不仅可用于一般性的生产过程改良和生活质量提升，还能通过技术革命促进社会生产力和社会生产关系的提质及助力人类社会生存生态的改善。[1]鉴于此，通过人工智能大数据技术分析，当然可以在庞大的网络数据中提取出能够解释和预测现实事件的有价值的信息，为人类社会活动和生态环境决策管理提供有力的数据支撑。[2]虽然自然界中的现象是十分复杂的，包括现有的人类科学在某种程度上也无法做到认知所有的自然生态属性，但是生态大数据依靠智能设备采集和处理生态环境中人、事、物的海量数据，能在一定范围内实现这个目标。同时，社会公众对环境治理问题的密切关注促使生态大数据的概念拓展到网络通信领域。从广义上说，生态大数据还包括社会统计数据和网络抓取数据，它们分别通过数据库、网站、论坛、App 等途径收集，这些数据涉及生态环境问题的舆情监测。由此可见，数据确权与数据资产管理中数据权属明确，数据实现资源化和资产化管理，数据所有权者与数据资产受益者就会使海量数据聚集形成智能体，以智能体驱动对自然生态环境的监测，形成生态环境保护的问题导向，驱动治理，以及形成监督有关部门的整改方案和加强监督的优化方案，并形成自觉的生态观。

---

[1] 谢富胜，吴越，王生升．平台经济全球化的政治经济学分析 [J]. 中国社会科学，2019（12）：62-81，200.

[2] 张达敏．大数据技术在环境信息中的应用 [J]. 低碳世界，2019（3）：25-26.

（三）统一行业数据标准：使生态、环保、安全、放心的行业产品和服务数据化、标准化

数智时代，实现一些行业的数据确权与数据资产管理，不仅能使行业数据形成行业生态安全体系，而且能使行业的生产标准数据体系成为国际标准。这种行业生态安全体系和国际标准数据既是行业生态建设的重要内容，又是人类社会生态建设的重要内容。例如，贵州省修文县的猕猴桃大数据基地、遵义的辣椒大数据基地就是利用智能终端对猕猴桃、辣椒的种植、看管施肥、除草除虫、摘果清洗、加工包装、物流、销售，以及选种、土壤里的矿物质、水分等的含量、空气中有关要素的数值、阳光照射程度等进行监测与记录，从而形成数据化的记录体系，这些海量的数据化体系内容通过一定的算法能形成数据智能体，彰显数据化猕猴桃、辣椒的种植技术标准体系。当其他地方需要种植同等产品质量的猕猴桃、辣椒时，这些数据标准就成为可量化的参考指标体系，并逐渐形成统一的行业标准，甚至成为国际标准。例如贵州茅台酒的生产过程，高粱的种植、采购和酿酒等全过程及生态环境中微生物要素指标等都能在世界其他地方被复制。但是，正是贵州茅台酒苛刻的生产、生态条件，同等品质在其他未达到生产、生态条件下生产的酒与其还是有较大的差距，如仁怀镇在完全相同工艺生产条件下生产的同等品质的酒只能叫“珍酒”。据贵州茅台酿酒技术工程师所说，根据贵州茅台酒的生产数据体系显示，贵州仁怀生态环境中诸如微生物等要素也是贵州茅台酒的核心生产、生态数据信息。正因如此，珍酒即使在仅有相同生产技术工艺下，也与贵州茅台酒存在极大的口感差异和酒体差异。

第三节　数据确权与数据资产管理的价值诉求

纵览关于数据确权与数据资产管理的价值诉求的研究文献，数据确权与数据资产管理的核心价值诉求至少涉及三个方面的内容。一是从法律视角来看，数据确权与数据资产管理追求秩序，即保证数智时代的每一条数据都产权明确，能让数据在法制的框架下运行、运用、增收，解决社会产权与收益之间的矛盾。二是从经济学视角来看，数据确权与数据资产管理追求效益或者利益，但效益比利益更好地体现其内涵。三是从人、社会、自然及宇宙之间的复杂关系或科学技术哲学视角来看，数据、数据确权与数据资产管理是为人服务的，这些数据是关于人的数据，助力人的发展，助力包括人在内的自然生态正常运行发展的规律，所以可以在一定程度上说，数据是人的自由全面发展数据和依靠数据，或者说是人类社会臻真、臻善、臻美的依赖数据，是使人与人、人与社会、人与自然之间更和谐美好的关系数据。

一、秩序：数据确权与数据资产管理最基本的存在诉求

数据确权就是要明确数据权属。如果数据权属明确，数据能被确定为某人、某单位的数据资源或数据资产，那么此人或此单位拥有数据资源或数据资产的管理权、收益权、支配权。这样一来，就不会因数据权属不明、收益不明而引发对数据的争夺和数据暴力，社会才会稳定有序。正因如此，武西锋认为，数据确权原则暗含价值博弈，纵观对数据确权的不同主张，焦点实质性地集中在效率与正义的价值博弈上，即谁博弈胜出，谁受益。[1]由此可见，数智时代的数据不能缺少确权，否则数据的价值博弈会影响社会的有序发展和文明进步，因此秩序是数据确权与数据资产管理最基本的功能价值与存在诉求。一方面，大数据的特性使秩序成为数据确权与数据资产管理最基本的存在诉求。众所周知，由于大数据具有可复制性、非竞争性、非排他性和非耗竭性，因此人们对数据的取得和利用难以通过物理方式加以阻隔，而必须依靠对数据进行

[1] 武西锋．揭开数据确权的迷纱：关键议题与实践策略——兼评当前数据确权的理论争议焦点[J]. 当代经济管理，2023（12）：46-55.

确权等法律手段来规则化、秩序化，否则很难保护相关主体的数据权益。另一方面，需要通过数据立法不断完善现有的法律制度，如反不正当竞争法、知识产权法、个人信息保护法等相关法律无法实现对数据的全面保护，所以“数据立法要在区分数据来源者和数据处理者权利的基础上，构建数据确权的双重权益结构，尊重和保护数据来源者的在先权益，确认和保护数据处理者的财产权益，包括持有权、使用权、收益权、处置权以及数据财产权遭受侵害或者妨碍时的停止侵害、排除妨碍和消除危险请求权”[1]。数据确权有利于在法律上保护劳动，激励数据生产，促进数据流通，强化数据保护，因为数据产权清晰明确是保证数据高效流通、使用以及资产化的前提和基础。截至目前，正是由于立法尚不完善、数据产权制度的缺位，导致数据资源配置效率低下，助推了数据非法获取使用、非法交易等恶劣行为，致使当事人权益受损，更有甚者冲击国家安全和社会公平公义。[2]

（一）数据确权立法是秩序的基本保障

虽然《中华人民共和国民法典》已经确认数据的民事权利客体属性，为数据确权提供民事基本法层面的依据，但是全国性立法层面并没有对数据确权做出回应。因此，为了确保数据广泛而高效流通，以及为确定数据合理使用制度、满足某些私利或各类公益等需要，相关主体在使用一些数据时可以不经数据处理者的同意。数据确权立法研究必须紧跟数据融合应用的步伐，既要让数据在数据要素市场流通机制中发挥作用，又要满足那些难以通过市场机制实现的数据利用需求。数据确权需要相关立法解决数智时代的数据流通、应用和收益的秩序问题及公正和效率的问题。这不仅是因为数据确权有利于保护劳动、可激励数据生产、促进数据流通、强化数据保护，还因为数据确权立法能解决现有法律制度（如反不正当竞争法、知识产权法、个人信息保护法等）无法实

---

[1] 王利明．数据何以确权 [J]．法学研究，2023，45（4）：56-73.

[2] 邹丽华，冯念慈，程序．关于数据确权问题的探讨 [J]．中国管理信息化，2020，23（17）：180-182.

现对数据全面保护的问题。因此，数据确权立法势在必行。虽然《关于构建数据基础制度更好发挥数据要素作用的意见》在一定程度上发挥指导性的作用，但它毕竟不是法律而是政策文件，需要逐步开展数据确权、保护的权威性立法工作。当然，数据确权、保护是一个世界性难题，截至目前世界各国的确尚无统一的数据确权立法。

（二）数据产权制度是秩序建立的根本

2022年，中共中央、国务院发布的《关于构建数据基础制度更好发挥数据要素作用的意见》提出，要探索建立数据产权制度，推动数据产权结构性分置和有序流通，并研究数据资产如何交易。事实上，其中暗含两个前提。一是数据是一种资产且其属性明确。对此，目前学界基本上达成一定程度的共识，即认为数据是可以被确认为一种资产的。二是数据是谁的资产，其权属如何界定。对此，学界存在较大的争议。虽然对这一前提没有较为统一的认识，但是对“如果不进行数据确权，厘清权属问题，那么数据资产交易也就无从谈起”的认识是一致的，可以说这是世界范围内的共识。关键是数据确权要针对不同来源的数据以法律形式明确其产权归属，这也是数据资产得以确认和交易的基本前提。由此可见，数据产权制度是数智时代数据资产化和收益化最根本性的秩序逻辑，因为面对复杂的海量数据，只有实现用户对个人信息数据的保护和企业对个人信息数据的利用之间的平衡[1]，数据资产的所有权才会界定清晰，其收益分配才会公正，否则会给社会发展带来极大的非秩序性。一是数据市场交易秩序无法建立，即无法迅速地找到交易对手，无法合理地确定交易对象，无法有效地提供交易方式；二是市场主体得不到激励和约束，如一些企业为获得数据带来的收益有可能利用技术掩盖数据爬取和应用，甚至出现侵权违法现象；三是数据中的隐私信息无法得到充分的

[1] 龙卫球．数据新型财产权构建及其体系研究 [J]. 政法论坛，2017，35（4）：63-77.

保护和尊重，因为数据所有权不清晰将导致数据交易的边界和尺度无法确定，数据使用者对其行为承担的责任也就难以分清。这些非秩序性极大地增加数据资产交易的成本，不但不利于推动数据整合，限制数据的共享和流通，而且不利于激活数据资产的价值和创新应用，最终将严重制约数据资产交易的规模及数据产业生态系统的构建和发展。

（三）厘清数据特性是秩序建立的起点

马克思主义哲学早就明确指出，认识事物的内在规律性是改造事物的基础与前提。正因如此，厘清数据的根本性、基础性特性是应用数据，特别是数据确权的基础与前提，更是数据确权与数据资产管理最基础的逻辑起点，否则基础不牢，数据确权就不会稳定，就会出现无秩序性的乱象。首先，从大数据和智能科学来看，数据自身的特殊性既有自然属性特殊又有社会属性的复杂特殊。与传统物质相比，数据自身具有特殊性、无形性。其次，数据本质上是一串符号，不通过自然物质形式表现出来，本身并不具有价值，而数据的价值体现在附着于数据中的信息或者经过技术处理后挖掘出的有用信息上。再次，数据本身具有可复制性，而且复制成本很低，甚至无须成本。数据可以被无限复制，并在这一过程中不会降低数据的价值。最后，数据被复制后原数据控制者无法控制该数据，可能导致数据被多个主体控制或占有，这样难以保证数据的稀缺性和可控性，使数据与传统财产权客体存在极大差别，无法通过传统的财产权制度对其进行保护和管理。由此可见，数据的上述特性说明数据确权与传统物权确权是有区别的，需要充分考虑数据特性再进行确权。正因如此，数据确权难，数据资源配置效率低下。但是，厘清数据特性是探究数据确权与数据资产管理秩序发展的起点，对数据特性的厘清需要时间和深入研究。

数据确权既要解决原数据是否真实、可靠等问题，否则会影响数据流通和应用的秩序，又要解决数据相关权益的清晰界定、分配等问题，否则将直接影响数据要素的配置效率、交易成本、使用方式、保护范式等。这是在多元的数据权益主体之间开展公平自由交易和竞争的制度前提。

总之，截至目前，市场经济的参与者都必须与数据打交道，参与市场经济的过程也是“被数据化”的过程。在这一过程中，价值、利益、权属必然要求以一种合理的方式在各主体之间取得平衡，而作为数据主要来源的广大社会公众、作为数据分析处理和市场交易主体的企业，以及作为市场监管者的政府部门等均要求对数据确权。因此，从这个角度来看，数据确权是所有市场经济参与者的共同诉求。由此可见，实现数据确权与数据资产管理是数智时代有序运行、发展的基本保障，是根本性、基础性的发展和应用起点。缺少数据确权与数据资产管理的数智时代就会失序。

二、效益：数据确权与数据资产管理最具魅力的价值诉求

作为生产要素的大数据是经过数据化、智能化后的数据。[1]“在数字经济中，数据是第一生产要素，也是数字企业最重要的资产。‘数据权属’问题不仅影响数据开发利用和数据市场交易，而且影响数字经济的创新发展。因此，数据确权对数据要素市场交易和个人隐私保护都构成重要的影响，是数据市场建设和促进数字经济创新发展的重要的基础性制度问题。”[2] 由此可见，效益是数据确权与数据资产管理最具魅力的价值诉求。

（一）数据确权是防范数据信息伦理风险的有效保障

数据确权是数智时代诸多问题的起点，数据画像使人类从生物人类迈向“数字人类”。一方面，为巩固“数字人类”的有序发展、可持续发展和文明发展，人类在一定程度上必须放缓和防止数据主义无序扩张，从而减轻人类的茫

❶ 易宪容，陈颖颖，于伟．平台经济的实质及运作机制研究 [J]. 江苏社会科学，2020（6）：70-78，242.

❷ 唐要家．数据产权的经济分析 [J]. 社会科学辑刊，2021（1）：98-106，209.

然、恐惧，尊重人自由全面发展的权利，推动规范、高效、有序的数据共享造福人类发展和收益，反对野蛮的数据滥用，进而助推人们自觉选择包括人在内的“无为而治”理念、构建“以人为本”的数据伦理。另一方面，为反观“数字人类”和造福人类社会，必须引导数据有序融合应用，防止数据信息伦理风险，提质数据为了人类、造福人类，包括数据确权和实现数据资产管理与收益。当然，数据治理与安全不单纯是一个技术问题，更多的是利益、价值和伦理的均衡发展问题。特别是不能仅将数据保护理解为保护秘密和隐私，而应该将其理解为构建一套关于个人信息收集与披露的规则体系，该规则体系包括数据确权、数据管理及数据资产管理。只有如此，数据才能成为数智时代的新生产力、重要生产力和先进生产力，甚至道德生产力。正因如此，2019 年，中央全面深化改革委员会审议通过《国家科技伦理委员会组建方案》，该方案指出要抓紧完善制度规范，健全治理机制，强化伦理监管，细化相关法律法规和伦理审查规则，规范各类科学研究活动。中国共产党第十九届中央委员会第四次全体会议提出，要健全科技伦理治理体制。《中华人民共和国国民经济和社会发展第十四个五年规划和 2035 年远景目标纲要》要求健全科技伦理体系。对于这些政策调整和要求，从伦理规范视角分析，数字文明时代数据保护的伦理治理就是要坚守伦理准则。[1] 特别是要针对数据在收集、存储、加工、传输、提供和公开等环节中存在的重大风险，主管部门和交易平台企业要共同开展分析、研判和预警工作，形成风险报告和信息共享的有效机制，消除安全隐患，并及时向社会公布相关信息。同时，要加强对个人数据的合法采集、敏感信息的脱敏处理制度建设，坚决杜绝个人隐私的泄露和个人信息的非法交易；要对重要数据的种类、数量和处理活动的开展情况建立应急预案、加强应对措施。当然，采取这些行动的前提是能够做到数据确权。数据确权争议的焦点主要是数据的搜集者和数据的产生者。以 App 用户数据为例，数据的产生者是 App

[1] 大数据战略重点实验室，连玉明．数权法 3.0——数权的立法前瞻 [M]. 北京：社会科学文献出版社，2021：273.

用户，而App用户数据由App企业搜集。基于此，当前法律对于数据产权界定不明，一般将数据权利默认归属于数据搜集者。[1]App企业可以在征求数据产生者意见的前提下将数据转卖给第三方企业以获取收益。这样一来，对第三方企业来说，越精确的App用户数据能够产生的价值越大。App企业将精确的App用户数据卖给第三方企业的可能性越来越大，因此第三方企业在使用精确的App用户数据过程中不仅可能会侵害App用户的利益，而且App用户无法通过市场得到有效的赔偿，还会受到伤害，甚至会遭受数据隐私暴露后的数据暴力等非理性冲击，但是这种伤害有时难以被发现，如分析消费者偏好以进行歧视性定价，侵害消费者的利益。

（二）数据分类分级是数据确权中最佳的估价效益设计

《中华人民共和国数据安全法》第二十一条规定："国家建立数据分类分级保护制度，根据数据在经济社会发展中的重要程度，……对数据实行分类分级保护。"一方面，数据分类是把相同数据特征或数据属性的数据归集在一起，形成不同的数据类别，方便人们通过数据类别查询、识别、管理、保护和使用数据。数据分类更多的是从数据管理、治理或业务运营视角进行的数据价值评估与收益分配实现有机统一的制度设计和安排，如业务领域、数据来源、行业、数据开放、数据共享等维度，根据这些维度，具有相同数据特征或数据属性的数据按照一定的原则和方法被归类。另一方面，数据分级是根据数据内容的敏感程度和数据遭到篡改、破坏、泄露或非法利用后对受害者的影响程度，按照一定的原则和方法对数据进行划分并建模，进而分出差异化的数据安全风险层级和数据应用许可层级。由此可见，数据分级更多的是从安全合规性、数据保护的角度出发开展数据治理、管理及保护活动。

综上所述，数据分类和分级是两种不同的工作，其侧重点不同，呈现形

---

[1] 王渊，黄道丽，杨松儒.数据权的权利性质及其归属研究[J].科学管理研究，2017，35（5）：37-40，55.

式与内容也不同，但都是为实现数据实践应用中的有序和效益相统一，从而进行理论构建与实践设计。数据分类的目的是建立数据资产目录，数据分级的目的是便于数据安全管控。从实践的时空顺序来看，数据资产目录整理一般在前，因此应当先进行数据分类，再进行数据分级。从马克思主义认识论和实践论来看，数据分类应当遵循“相互独立，完全穷尽”的基本原则。一是分类实践应能涵盖所有的数据。二是在数据分类体系内，各种数据类别既要界限分明，不交叉、不重复、相互独立，以保证唯一性，又相互联系，保持互动性和整体性。三是同一级的数据分类维度要统一，层次要清晰，形成鲜明的数据隶属或并列关系，以突出不同类别数据之间的差异性、联系性及相通性，保证系统性和联动性。在以上基本原则下，数据分类还应保证规范性，各种数据类别要能准确表达自身的实际内涵和外延。四是数据分类要有灵活性和艺术性，在稳定分类的基础上保留可扩展的余地、考虑追求可表达的臻真、臻善、臻美性和符合普遍认知或常识性认知，以及遵循适用性原则，不设置无现实意义和价值的数据类目。五是对敏感数据进行识别定义和区别管理，并研发实践落地应用设置和应用模型，降低数据泄露风险，以及提升各机构单位和个人数据管理、存储和使用能力，赋能业务运营，提升运营效率，降低业务风险。❶❷

（三）数据确权有利于数据利用效益的最大化

新时代，大数据发展逐步走向资源化。作为记录、反映现实世界的一种特殊资源载体，在数据资产化阶段，大数据逐渐成为可以创造财富的重要资产，具有资产的可交易属性。

---

❶ 黄志，程翔，邓翔．数字经济如何影响我国消费型经济增长水平 [J]. 山西财经大学学报，2022，44（4）：69-83.

❷ 伦晓波，刘颜．数字政府、数字经济与绿色技术创新 [J]. 山西财经大学学报，2022，44（4）：1-13.

1. 确权后的数据具有多重社会效益性

数据确权后就能在产权清晰的情况下放心、安全地使用。这样一来，海量数据聚集既能促进对数据的分析、使用能力，不断提升使用主体在市场中的核心竞争力，又能将海量数据中的数聚爆发性价值挖掘出来，形成更具市场竞争力的社会生产力。特别是随着大数据挖掘技术和人工智能算法技术的不断提高，整合、分析海量数据可以发掘新知识、新价值，创造大知识、大科技、大利润、大发展。2018 年，脸书（Facebook）将收集到的 5000 多万名用户的个人数据卖给剑桥分析公司（Cambridge Analytica），该公司对这些用户数据进行分类，并分析用户的兴趣、爱好和政治倾向等，总结出一套算法和模型，因向这些用户定向投放迎合他们偏好的相关信息而收益巨大，甚至影响美国总统大选。由此可见，数据资产在进行交易前迫切需要解决数据确权、数据定价、市场建设等一系列问题。特别是在数据资本化阶段，如果数据的资产特性能得到进一步发挥，全社会就能形成庞大的数据资产。随着数据治理需要的逐步深入发展，有序依托数据资产进行投资和交易，妥善处理数据资产与数据资本的演化，成为新时代的诉求和当务之急。

2. 数聚爆发性价值倒逼数据确权发展

贵阳大数据交易所作为全国第一家以大数据命名的交易所，成立于 2015 年。此后，武汉东湖大数据交易中心、上海数据交易中心有限公司、北京国际大数据交易所等数据交易平台相继出现。截至 2021 年，我国已设立 17 家数据交易平台。但是，纵观这些交易所背后的数据确权与数据资产管理经验，它们还没有形成较大范围内所认可的共识性规范，但数据确权在其营运活动中依然呈现出紧迫性。要让海量数据进入市场实现经济效益，首先需要明确界定数据的所有权、支配权、使用权、收益权、处置权等产权。数据确权是数据确定定价机制及自由流通的前提。只有实现数据确权，数据才能在流通后转变为可以量化交易的经济资产。

3. 数据确权是数据资本化的前提条件和发展关键

在数智时代，数据已经成为一项重要的资产，数据确权是数据资本化的前提条件和发展关键，但是当务之急是只有找到清晰、合理的数据确权路径，才能帮助相关部门或个体将数据作为一项合法的资产纳入资产核算，从而促进数据资源的合理配置和数字经济的高质量发展、可持续发展。由此可见，如果没有对数据资产与数据确权的基础安排、底层设计和基本法规制度建设及保障，就会出现社会乱象、市场乱象。没有产权明确的数据归属和数据资产，社会中充斥着大量的假数据，就会产生数据权利和数据暴力争夺等无序现象，那么数据就可能变成“钢刀”到处扎人。

4. 在数据有秩序逻辑基础上的数据价值效益逻辑诉求是更高层次的价值诉求

数据的这种价值效益逻辑诉求包括经济效益、政治效益、文化效益、民生效益、生态效益，数据确权与数据资产管理的地位和功能已经对此论述，此处不再赘述。但是，数据确权与数据资产管理的价值效益逻辑诉求是怎样实现的呢？究其根本，这不仅是对数据确权的功能与地位研究的需要，而且是探究数据确权与数据资产管理的实践需要，即“数据确权主要是保护附着在数据要素上的权属，以促进激励相容的数据要素最大化开发利用，为此数据产权确定应采取‘情景依存的有限产权’模式，在强化个人隐私权保护的基础上，强化对数据采集和开发进行重要投资或做出创造性智力活动的衍生数据持有人的财产权保护”[1]。因为数据确权面临的一个重要挑战是要同时实现数据隐私保护和数据要素高效利用两个目标，所以如果消费者或企业中的任何一方对数据拥有排他性产权，就都不会带来有效的隐私保护和数据要素开发利用。一方面，如果企业完全拥有数据产权，那么为实现利润最大化目标，企业有可能鼓励过度开发利用和披露个人数据信息，从而产生数据过度使用

[1] 唐要家．数据产权的经济分析 [J]. 社会科学辑刊，2021（1）：98-106，209.

的隐私侵犯问题等；另一方面，如果消费者完全拥有数据产权，那么在市场完全竞争的情况下，个人数据产权有利于实现消费者的个人隐私保护和隐私补偿，但是由于现实的个人隐私市场存在高交易成本、信息不对称等内生的市场失灵，所以个人数据产权下的个人数据市场交易会出现数据共享利用的高成本，阻碍非竞争性数据要素的共享利用，产生数据使用不足的资源闲置问题。

5. 产权是手段，旨在推动数据资源要素的共享利用和大数据驱动创新

手段应该服务于目的，由于数据确权必须有助于数据要素的开发利用，因此数据产权必须具有促进数据要素开发利用的效率激励和创新激励。一方面，数据是数字经济的第一要素，大数据的开发和使用会极大地促进经济高质量增长；另一方面，数据确权应有利于数据资源的最佳配置，以最大限度释放数据要素的增长潜能，促进数字资源利用和数字经济创新发展。

6. 数据产权配置要服务于价值创造，不能以牺牲价值创造为代价

对数据价值创造贡献最大的一方应该拥有以剩余控制权和剩余索取权为核心的财产权益，以激励其投资数据开发利用和大数据驱动的创新。首先，数据的价值创造及其产生的激励问题在很大程度上取决于不同应用情景，具有明显的“情景依存”特征。数据产权不应采取“一刀切”的方式，数据产权配置必须基于特定的数据开发利用情景，根据不同类型数据的经济属性、数据的使用目的、数据的价值创造和数据的时效性等情景因素进行分析。其次，数据确权必须被放在数据开发利用的动态价值链中进行设计，在数据价值实现和价值递增的过程中不同的经济主体处于不同的位置，具有不同的价值贡献、权益诉求，数据产权配置必须考虑这种动态的激励差别。再次，数据确权既要保护相关主体的个体利益，又要促进数据开发利用以实现公共利益。因此，数据产权不是绝对的产权，数据产权的范围和时间应是有限的。最后，数据产权制度不是一成不变的固定模式，将随着技术创新和制度创新

带来的数据价值变化、数据利益分配制度创新和数据产权制度实施成本的变化而改变。

三、臻真、臻善、臻美：数据确权与数据资产管理的终极价值旨归

“正如萨顿所认为，科学的起源与发展的核心本质就是围绕人的存在和发展去解决人的内外部诉求的，即科技是人们‘向往自由、向往从动物一般的生活条件中解放出来，追求远、宽、高，克服空间和时间造成的距离，追求温暖、舒适、光明、美好、认识’。”[1]由此可见，数据确权与数据资产管理同样也是为人服务，是为了人类的生存和发展而设计，从而满足人类自身社会活动的实际需要。数智时代的数据确权与数据资产管理“不仅促进了人类文化的发展，诱发了人们价值观念、民族意识和社会文化心理的全方位变革，而且也为人类道德的进步提供了难得的机遇，形成了许多与时代共鸣的价值观念和伦理精神”[2]。

（一）数智时代的内在臻善性规制数据确权与数据资产管理

道德有一种在文化上的确定性。围绕这种文化确定性，道德必然能确立一些社会准则。因此，道德或多或少是外在于个人的，是强加给个人或作为习惯灌输给个人的确定性价值文化。在人类社会活动中，一种最基础的道德选择价值文化和标准应是“勿以善小而不为，勿以恶小而为之”，道德行为中似乎有一种善的价值存在的文化规制，至少不倡导恶的价值。诚然，在传统社会，人们很难进行定性、定量判断这种臻善性的文化规制，往往是用法律来规制、监管和设计底线，所以道德等人类社会活动的若干规制更多地体

[1] DESSAUER F. Streit um die technik [M]. Frankfurt：Verlag Josef Knecht，1956：150.

[2] 杨怀中．“网络社会”的伦理分析及对策 [J]. 武汉理工大学学报（社会科学版），2001（1）：14-17.

现为臻善性的自律性，甚至可以说在一定程度上这种内在的臻善性规制被内化为一种人性或称“合人性”。也就是说，人们把它们当作自己的本质属性，并用其调整自己的行为，从而成为独立的道德行为者。而涉及人、关于人的海量数据必然囊括人的内在臻善性数据，即海量数据的内容信息是复杂多样的，包括文字、图像、视频等形式的人的内在臻善性信息，然而在计算机和互联网技术的支撑下，人工智能、大数据技术不仅能使这种人的内在臻善性定性与定量呈现，而且能使定性与定量的人的内在臻善性信息海量聚集形成爆发性价值信息，因此不仅人工智能、大数据技术应运而生，而且这种人工智能、大数据技术被赋予工具臻善性，否则这种技术所解析的海量关于人的内在臻善性信息及其爆发性信息不被人类相信与使用。正因如此，人工智能、大数据技术扩展了人类规制文化，特别是信息技术的进步为大数据提供感知、通信、存储和算力的支撑，有意或无意地推动人类规制文化扩展和人的内在臻善性发展。人类可以利用人工智能、大数据技术完成对自然界，甚至人类个体内心世界的一些人、事、物实体特征信息的抽取，而且所抽取的大数据就像实体的影子一样，成为实体世界的数字孪生世界。此时，人的价值观等臻善性信息决定人工智能、大数据技术存在的价值，也决定数据存在的价值。从人工智能、大数据技术的产生来看，它是发明者意志的产物，是出于人类的某种理性价值而被开发出来的价值工具，在诞生之前就已经被人理性、审慎地考虑，是为了满足人类及其社会理性活动需求而被创造出来的。发明者的内在臻善性价值观决定该科技的未来用户所持有的价值观。数据确权与数据资产管理也蕴含人类一定的臻善性价值观。在人类的精神世界里，伦理与道德的言说永远有效。具体来说，一方面，科技本身包含人的臻善性价值判断；另一方面，具体道德准则的制定是人类的内在臻善性逐步显化的结果。在进行数据确权的过程中，人们所做出的抉择正是依赖其在认识内在臻善性的过程中积累的经验。数据确权与数据资产管理的服务对象是作为整体的人类，数据确权与数据资产管理呼唤跨越地区和文化的共性之善，即根植于共

同人性中的内在臻善性，而且这种“善”同时制约数据确权与数据资产管理服务。

（二）数据确权与数据资产管理必然使人类的科技素养得到发展和超越

一方面，数智时代，万物数据化、数据万物化，数据既成为囊括一切、无所不在的一种特殊战略性资源和“新质生产力”[1]，又成为一种可交易、可收益的特殊资产，并是具有爆发性价值的特殊资产。正因如此，公众的大数据智能道德选择应运而生、星罗棋布，渗入人们生产、生活的每一个环节。同时，智能道德选择使数智时代的公众道德选择能力走上精准化、智能化的必然之路。在此过程中，公众的数智科技素养得以加强和提升，人们逐渐学会运用人工智能、大数据思维，利用人工智能和大数据技术、人工智能和大数据网络时空来完成智能道德选择，既提高公众自身的道德选择能力，又提升数智时代的信息文明。因此，公众道德选择的载体、路径、方式和方法等有了质的飞跃。数智时代公众的数智科技素养得到培育、发展、强化，公众的数据确权维权意识和数据管理意识逐渐增强，并向一定形式的或隐或显的规制化发展。在传统社会中，公众做出道德选择时仅依靠知、情、意、信、行等主观能动性，对选择活动中的善与恶、是与非、对与错等进行二元对立统一结构的道德价值性质的思辨、抉择；而在数智时代，公众往往需要突破二元结构进行道德价值性质优化选择，追求更微观、更善、可量化的道德选择，在诸多有且只有善的道德选择可能性中以道德价值量的多少量化善的价值，并以普遍性和广泛性的程度、层级呈现出来，进而使公众在实践层面自觉培养数智科技素养。

另一方面，数智时代公众道德选择能力的精准化和智能化是依靠智能终端等现代科技完成的，这是一种数智科技素养，其包括数据确权维权意识和数据资产管理意识。数智时代公众道德选择的这种创新并不是对传统社会主要依

[1] 习近平．牢牢把握东北的重要使命　奋力谱写东北全面振兴新篇章 [N]. 人民日报，2023-09-10（1）.

靠知、情、意、信、行等进行道德选择思维范式的完全否定，而是在传统社会“问题—知识—问题”思维范式的基础上拓展的“问题—数据—问题”的大数据思维范式，两种思维范式的融合应用可助力大数据时代公众道德选择精度、效度和信度的提高。在这个过程中，公众使用智能终端等现代科技进行大数据运算、大数据预测，以数据驱动智能终端的方式助力公众道德选择，其实质就是使用智能终端消除人眼看不清、看不到、看不透的弊端，使用智能终端模仿人、助力人和超越人做出道德选择，建构新的信息文明和人类文明。公众更进一步遵循、维护和实现人、社会、自然的运行之道，更进一步地解放自身、实现全面自由的发展。由此可见，这样的公众道德选择能力实践培养，与其说是对道德选择能力的创新，不如说是人们利用科学、技术、工程和伦理在新时代为努力实现万事万物良序运行而进行的适应性、超越性活动，是一种综合新方法、新路径和新视野的改良性、创构性活动。新时代，公众的数智科技素养的形成与发展不仅是为了满足人类的物质生活需要、应对新的生产力带来的更复杂的社会活动方式和社会关系变化，而且是为了整个世界万事万物的共同进步和有序发展。整个自然生态的进步与文明能够促进人类的文明和进步，人类的文明和进步又以自然生态的进步为基础。在传统社会中，公众的生存活动主要依靠实体物能，人们选择社会活动时主要围绕对实体物能的认识而展开。在数智时代，公众的生产、生活实践不仅依靠实体物能，还要依赖包括实体物能等的遍布世界各个角落的各种信息数据资源。随着信息数据资源广泛深入的融合应用，人类文明进入数据文明、信息文明和知识文明新时代，万物数据化、数据万物化，世界万物在深度融合应用中智能地将数据提升为信息、将信息提炼为知识、将知识转化为信息，再逆转回来，即将知识转化为信息，将信息转化为驱动智能机器的数据，并将其升级为信息数据智能体。在这种循环往复的转化过程中，数据、信息和知识联动、互动起来，形成闭合的信息数据交融机制，感受社会存在、接收和反馈数据信息，进而延伸人的感觉器官、模仿人脑的思辨功能，成就公众更为强大、规范、体系化的现代科技素养和道德选择素

养，满足数智时代公众道德选择的现实需求，带动、引领整个自然世界的良性互动和向上、向善发展。

（三）数据确权与数据资产管理作为一种科技实践，是服务于人类及其理性需求的科技应用

创造性、增强性的数据确权与数据资产管理等科技供给，是持续服务于人的感性、对象性活动。数据确权与数据资产管理中的科技应用绝不仅是知识、工具和能力，而且需要吸收、服从、遵循、坚持道德伦理和价值诉求进行再升级、再改造，直至成为助力实现人的自由全面发展的绝佳手段。因为“人类的智慧在自己的创造物面前感到迷惘而不知所措了。然而，总有一天，人类的理智一定会强健到能够支配财富……单纯追求财富不是人类的最终的命运。……这（即更高级的社会制度）将是古代氏族的自由、平等和博爱的复活，但却是在更高级形式上的复活”[1]。

一方面，数据确权与数据资产管理的科技实践和科技应用是要促进人的自由全面发展。自由是建立在物质和精神财富极其丰富的基础上的，因为“人的依赖关系（起初完全是自然发生的），是最初的社会形式，在这种形式下，人的生产能力只是在狭小的范围内和孤立的地点上发展着。以物的依赖性为基础的人的独立性，是第二大形式，在这种形式下，才形成普遍的社会物质变换、全面的关系、多方面的需要及全面的能力的体系。建立在个人全面发展和他们共同的、社会的生产能力成为从属于他们的社会财富这一基础上的自由个性，是第三个阶段”[2]。而数据确权与数据资产管理的科技实践和科技应用实际上是一种科技财富，这种科技“即财富的最可靠的形式，既是财

[1] 马克思，恩格斯．马克思恩格斯全集：第 45 卷 [M]. 中共中央马克思恩格斯列宁斯大林著作编译局，编译．北京：人民出版社，1985：513.

[2] 马克思，恩格斯．马克思恩格斯全集：第 30 卷 [M]. 中共中央马克思恩格斯列宁斯大林著作编译局，编译．北京：人民出版社，1995：107-108.

富的产物，又是财富的生产者”[1]，而且数据确权与数据资产管理等科技实践和科技应用的充分有效发挥是人类得到自由全面发展的重要基础和前提，因为“推进人的全面发展，同推进经济、文化的发展和改善人民物质文化生活是互为前提和基础的。人越全面发展，社会的物质文化财富就会创造得越多，人民的生活就越能得到改善，而物质文化条件越充分，又越能推进人的全面发展”[2]。

另一方面，数据确权与数据资产管理的科技实践和应用是要促进社会的全面和谐发展。正是基于数据确权与数据资产管理等科技实践和科技应用的社会化、经济化，人类社会才有可能实现从必然王国到自由王国的飞跃。首先，数据确权与数据资产管理等现代科技价值旨归的理性回归，能“……彻底消灭阶级和阶级对立；通过消除旧的分工，通过产业教育、变换工种、所有人共同享受大家创造出来的福利，通过城乡融合，使社会全体成员的才能得到全面发展……”[3]，所以维持和扩大生产的资料促进个体性自由和理性需要的联盟形成。其次，同一性使数据确权与数据资产管理等科技服务社会、促进社会向更加和谐的方向发展。人成为自然界自觉的和真正的主人，既有一定的符合人性的自由的道德权利，又有一定的道德义务。个体、群体与自然之间没有不同的利益，而数据确权与数据资产管理等科技“……不仅可能保证一切社会成员有富足的和一天比一天充裕的物质生活，而且还可能保证他们的体力和智力获得充分的自由的发展和运用……”[4]。最后，数据确权与数据资产管理等科技促进全球范围的联合，以及人类命运共同体的构建，“单是大

---

❶ 马克思，恩格斯．马克思恩格斯全集：第 30 卷 [M]. 中共中央马克思恩格斯列宁斯大林著作编译局，编译．北京：人民出版社，1995：539.

❷ 江泽民．在庆祝中国共产党成立八十周年大会上的讲话 [M]. 北京：人民出版社，2007：44.

❸ 马克思，恩格斯．马克思恩格斯选集：第 1 卷 [M]. 中共中央马克思恩格斯列宁斯大林著作编译局，编译．北京：人民出版社，2012：308-309.

❹ 马克思，恩格斯．马克思恩格斯选集：第 3 卷 [M]. 中共中央马克思恩格斯列宁斯大林著作编译局，编译．北京：人民出版社，2012：670.

工业建立了世界市场这一点，就把全球各国人民，尤其是各文明国家的人民，彼此紧紧地联系起来，以致每一国家的人民都受到另一国家发生的事情的影响”[1]。

（四）数据确权与数据资产管理作为数字文明中一个不可缺少的环节，其应用能更好地共筑人类命运共同体

立足数智时代，万物皆以数据的形式与人类并存，包括人类自身。但是，正是“人”的存在才赋予数据生动的意义。数据确权与数据资产管理等只是为了人类和服务人类的工具载体或称科技产品，服务人类才是数据确权与数据资产管理等科技存在的价值。因此，数据确权与数据资产管理等科技实践和应用在数据的确权申报、收集、使用、存储、开发等过程中要做到收集经授权、确权申报要自愿、使用需分级、存储应保护、开发必合规等。特别是对数据采集者和算法设计者而言，在数据开发过程中应在提升人类思维品质、保持人性或“自我”方面合法合规、谨言慎行。

同时，“数字文明使得全球大规模协作成为可能，网络空间人类命运共同体大门得以开启”[2]。数智时代是公民个体个性自由的时代，是追求和张扬个性的时代，也是没有隐私的时代。每个公民的社会生活状态都会被大数据记录、大数据技术分析。任何不诚信、不共享的行为都难以藏身，更遑论长期维持，所以数智时代也被称为开放、共享和诚信的新时代。无论关系亲疏，所有人在网络空间里都是平等的主体，在大数据监督下享受大数据带来的各种便利，并在不知不觉中建立覆盖全球的、去中心化和脱地域化的、具有开放性和共享性的网络空间人类命运共同体。在这个共同体中，人类肯定自己，有利于解放每

---

[1] 马克思，恩格斯．马克思恩格斯选集：第 1 卷 [M]. 中共中央马克思恩格斯列宁斯大林著作编译局，编译．北京：人民出版社，2012：306.

[2] 大数据战略重点实验室．块数据 4.0：人工智能时代的激活数据学 [M]. 北京：中信出版社，2018：322.

个公民的个性，促使每个人、人与人、人与社会和自然和谐相处，形成“真正的共同体”，是以每个公民的自由解放为前提的真实集体，是数智时代应该鼓励支持发展的共同体。正如有些学者认为，“从范式的角度看，从马克思的共同体思想到网络空间人类命运共同体思想，实现的不仅是理论的跨越，也推进了共同体理论范式的重构”[1]。习近平总书记指出：“中国高度重视大数据发展。我们秉持创新、协调、绿色、开放、共享的发展理念，围绕建设网络强国、数字中国、智慧社会，全面实施国家大数据战略，助力中国经济从高速增长转向高质量发展。希望各位代表和嘉宾围绕‘数化万物·智在融合’的博览会主题，深入交流，集思广益，共同推动大数据产业创新发展，共创智慧生活，造福世界各国人民，共同推动构建人类命运共同体。”[2]在数智时代，网络早已把世界文明、世界人民紧紧地连在一起，任何不文明、不和谐、非理性、非道德的行为、情感和思想都会被透明开放的数据信息呈现出来。世界人民是网络空间人类命运共同体的构建者和共享者。在命运共同体中，任何一个共同体成员的不一致行为都可能影响整个共同体的命运，这些不一致的行为可能影响局部利益，也可能影响全人类的存续和发展。因此，在数据确权与数据资产管理中应给予个体价值诉求充分的尊重和满足。同时，世界各国人民应当加强对话、交流、交融，互鉴合作，分享共赢，把数据确权与数据资产管理等科技实践和科技应用的科普放在与科技创新同等重要的位置，共同推进科普、共同参与治理，协同净化数据生态，尽快建立符合全人类共同价值和共同利益追求的数智时代的网络空间人类命运共同体，并长期持久地开展网络时空治理。

---

[1] 大数据战略重点实验室．块数据 4.0：人工智能时代的激活数据学 [M]. 北京：中信出版社，2018：324-325.

[2] 习近平．习近平向 2018 中国国际大数据产业博览会致贺信 [N]. 人民日报，2018-05-27（1）.

第二章　科学技术哲学视野下数据确权与数据资产管理的突出问题

数智时代，数据随着人工智能等现代科学技术的快速发展逐步成为一种无形资产，并在人类的生产、生活中发挥不可替代的作用。特别是2016年享有“中国数谷”之称的贵阳颁布《数据确权暂行管理办法》，标志着数据确权与数据资产管理的贵阳做法得到社会认可，并逐渐成为公认的遵循。截至目前，以“合约”方式保障数据聚集、应用的数据交易和数据资产管理范式在一定范围内得到推广。但是，随着人工智能对人类生产、生活方式的深刻影响，物联网全球市场逐步成熟稳定，全球范围内数据配置共享的可能性大幅度提高，加上互联互通的物联网时代或称“我”联网时代逐渐走向深入，科学技术哲学视野下的数据确权与数据资产管理成为亟待解决、亟须解决的一个重点、难点和热点问题。若能实现科学技术哲学视野下的数据确权与数据资产管理，则正如第一章中的论述，不仅能给人类带来收益、社会的有序化活动和高质量发展，能发展数据文化、营造更加美好的人类社会活动的数据生态，还能给人类社会提供更加全面自由发展的生存环境和机遇。这将有利于拓展贵阳做法的数据确权与数据资产管理范式，形成真正的科学技术服务于人类解放和自由全面发展的理性工具价值和可靠工具价值。诚然，在实现数据确权与数据资产管理的过程中，存在诸多突出短板、限制阻碍及实践融合应用中的痛点和重点、难点。因此，本章将深入剖析实现数据确权与数据资产管理中的突出问题、限制阻碍和实践痛点，以便从理论逻辑和实践逻辑出发找到便捷、成本更低的解决办法与路径，找到既能治标又能治本的良策。

第一节　数据确权与数据资产管理的主要短板

在万物互联的物联网时代，数据确权与数据资产管理至少面临三个方面的问题。一是数据的权属如何划分清楚并通过一定的合法、合理机制确立才能获得公众的认可。只有对数据进行更加明晰的权属界定与划分，才能保障权属明确的数据实现资产化管理。二是如何保障数据在流通和使用中的安全，特别是个体性的隐私数据、商业性和行政性的秘密数据等安全保护、安全规避问题及隐私数据和秘密数据的屏蔽问题。数据不仅具有一般的信息价值，而且海量数据聚集后还有爆发性价值。这给数据安全的边界和技术保障带来严峻的考验、挑战。三是权属明确且有安全保障的数据如何实现资产化管理等营运。这是数据确权与数据资产管理过程中的核心环节。只有在数据权属明确和安全有保障的前提下，数据确权与数据资产管理机制才是有序的人们需要的实践机制。为进一步梳理清楚这三个问题，特别是剖析问题背后的真正原因，可从科学技术本体论、方法论、工程论和价值论等学科视角出发，结合物联网技术等现代科技，探索数据确权与数据资产管理的理路论证、机制设计、技术实践和价值目标，以找到省力、省时、省财且可实践、能切实解决问题的最优策略。

一、数据确权与数据资产管理的实践思路和融合短板

大数据是当前及未来社会较长时期的重要生产要素和基础性资源，是数字经济的灵魂；数据确权是数据资产化道路上必须直面的重要挑战和基础条件，

健全的数据产权制度是数据资产化等数字经济社会的基本保障。由此可见，建立健全的包括数据确权与数据资产管理的数据产权制度是数字经济时代的大势所趋和必然要求，而数据确权必然是数据资产化及其价值评估、确认和营运管理的基本前提、重要设计。结合当前的数智时代，数据确权至少有以下两个方面的重、难点需要突破和解决：第一个重、难点是数据权属的认定、划分和界限。在这个重、难点上，一方面是人类对数据确权本身的认识不够精准，现有的确权理论不能确定并高质量地提供支撑；另一方面是人类截至目前只是探索性提出数据确权的实践方案，并没有在全球形成共识性的探索方案。第二个重、难点是如何在保障数据安全的基础上开发和使用数据，并让数据充分发挥更大价值。这突出地表现为如何解决的思路问题，以及具体解决时的技术原理支撑和落实落地的实践问题。

（一）数据确权与数据资产管理的“数权”说争议和短板

“数权”说是关于数据权限归属范围的认定过程总和。关于数据属性范围的界定，学界的主流观点有“人格权”理论、“财产权”理论、“商秘权”理论、“隐私权”理论、“知识产权”理论等。事实上，不同理论之间本来就存在一定学术争议，并且理论研究者是从其特定理论立场和视角出发对“数权”进行概念界定和阐释。不可否认，虽然学术界对“数权”归属的认定都具有一定的合理性，但究竟哪种观点对数据确权与数据资产管理的“数权”推论更合适，至今也没有完全形成理论共识，而且这些理论在一定程度上存在短板。这些都需要进一步深入研究。因为只有在全面认识后，特别是在吸取各家之长并全面梳理和归纳总结的基础上剖析研究“数权”说争议，才能更全面研究、厘清数据确权与数据资产管理的理论基础和实践逻辑。

1.“人格权”理论

坚持“人格权”理论的学者强调数据确权与数据资产管理要遵循“以人为

本”的理念。他们认为，关于人的大数据兼具人格属性和财产属性，且这两种属性紧密联系、密不可分，同时未有一种实践方式能达成和解，即平衡信息主体与信息处理者之间的利益关系和数据所有权关系，但数据确权与数据资产管理中首先只能选取以构建人格利益保护为中心的类型化保护模式进行保护。❶由此可见，这一学派非常重视数据安全的阐释和论证，试图建立、健全数据的隐私权保护机制及完善个人信息的保护机制。因此，这一学派的学者必然在研究“数权”时充分重视数据的人格权，强调隐私数据的保护。但是，该理论的突出短板是忽视密态数据的融合发展应用，同时对数据的财产属性阐释和论证不够，从而不利于数据要素市场的抢先培育、利用和融合发展。袁俊宇指出：“个人信息类型化保护模式须与个人信息合理使用制度相协调，导入合理使用的场景化理论，完善正当必要性原则，建立第三人监督制度，以达至个人信息安全与共享、个人信息保护与自由流通的动态衡平。”❷

2.“财产权”理论

坚持“财产权”理论的学者基于大数据的双层结构（即数据载体和数据内容，其中数据是信息的表现形式和载体，是以比特的形式存在），特别是以研究构建数据“准占有”的概念论证数据财产权的权利人对权利客体可以通过事实上的管理形成支配性、排他性关系，且这种关系实质就是一种数据财产权关系❸，同时认为“大数据唯有不断流通、使用，才能实现价值增值”❹。大数据具有价值属性，应当设立财产权来彰显、保护数据确权与数据资产活动中大数据的这一属性。因此，这一学派论证构建数据权利保护机制，让数据财产权落

❶ 袁俊宇．个人信息的民事法律保护——以霍菲尔德权利理论为起点[J]. 江苏社会科学，2022（2）：91-104.

❷ 袁俊宇．个人信息的民事法律保护——以霍菲尔德权利理论为起点[J]. 江苏社会科学，2022（2）：91-104.

❸ 姜程潇．论元宇宙中数据财产权的法律性质[J]. 东方法学，2023（5）：153-163.

❹ 杨志航．跨越企业数据财产权的藩篱：数据访问权[J]. 江西财经大学学报，2023（5）：137-148.

到实处。同时，这一学派学者还在深入研究、论证、细化财产权及其内容、范畴，研究数据所有权、数据支配权、数据使用权、数据收益权、数据资产权、数据经营权等权益及内容。但是，“财产权”理论并没有找到具体的数据确权与数据资产管理的可实践思路、做法及划分认定这些权利的科学界限与技术支撑，其短板为思路和实践的非可操作性。

3. “商秘权”理论

坚持“商秘权”理论的学者认为，大数据有商业秘密权，应当受到《中华人民共和国反不正当竞争法》保护。“商秘权”理论学者认为，法律对商业秘密的界定是“不为公众所知悉、具有商业价值并经权利人采取相应保密措施的技术信息、经营信息等商业信息”，所以大数据具有秘密性、价值性和保密性三个特征，应当被纳入保护范围。虽然“商秘权”理论学者看到海量数据的预测功能、爆发性价值和资产效益，以及这些价值容易使商业秘密被泄露、被挖掘，但是还没有看到这些商业秘密的海量数据可以在技术保障和其他技术叠加保障下被安全应用。正是这样的思路短板使一些可公开的数据被拒之门外而不能应用，不能公开的数据可以在隐私算法保护技术或区块链等技术的保护下实现安全价值。

4. “隐私权”理论

坚持“隐私权”理论的学者认为，隐私权是人们独立处于世而不受外界干扰的权利，所以对于人们的个人数据是否被公之于众及被使用、加工、关注和传播都应当由个体自身来决定。个体有对自身数据被公开、使用、加工、关注及传播的知晓权，包括每个人都有权决定自己的个人数据在何种程度上被公开、使用、加工、关注与每个人都有权决定个人数据被公开、使用、加工、关注及传播的范围。诚然，数据隐私权是应当被保护的，并且使用、公开、加工、关注及传播隐私数据应当给予个体知晓权，但是个人数据也有“可识别”属性，甚至可以在多元、可靠的安全保护措施下实现收益。如果数据管理完全陷入绝对化“隐私权”管理的桎梏，就必然会导致个人数据管理的固化，时间一长必然影响个人数据管理的动态化、多元化发展，因此关于“隐私权”理论的讨论应被放在数据权限管理下进行，只有这样，才能真正体现个人的“隐私权”价值。

5.“知识产权”理论

坚持“知识产权”理论的学者认为，个人数据符合知识产权权利客体的特征，在《中华人民共和国国家安全法》《中华人民共和国保守国家秘密法》等法律框架之中，作为一种知识产权，应当享有被保护的权利，应被纳入知识产权法保护的范围；应该积极干预、落实保护制度，如对具有独创性的个人数据进行著作权保护、对生成数据库产品的个人数据进行知识产权保护、对非公开的个人数据进行非公开秘密保护。目前，通常有两种情况：一是如果参照一定的评判标准，该数据在一些领域中具有独创性，在其智力性数据成果的可证性充分的前提下能够被认定在知识产权保护的范围，从而得到保护；二是当一些数据缺乏对其独创性的证实时，这些数据无法被认定在知识产权保护的范围。而当第二种情况出现时，所谓知识产权保护就无法对这些数据提供保护，此时进行数据确权与数据资产管理，就能够在可靠安全的保障措施下实现对流通、应用、收益的资源和资产的保护。因此，在个人数据管理中，虽然“知识产权”理论能够对某些符合这一体系范围的数据提供良好的安全保障，但其弊端是对不能被纳入该体系的数据的保护就相对无力。在这一理论中，存在一定的实践性、操作性、范围性的短板，数据确权能够在一定程度上弥补这些短板，使数据运行得以保障。虽然一些领域的数据具有明确的产权归属，但它们不是智力性的数据成果，如个体的身份信息数据，如果能符合智力性独创成果条件，就可以被纳入知识产权的保护范围。即使它们不是智力性的数据成果，也是可以在可靠、安全的保障措施下实现流通、应用、收益的资源和资产。

（二）数据确权与数据资产管理的“数密”说争议与短板

与关于数据权属认定的“数权”理论不同，“数密”理论更侧重于大数据融合应用的安全性实践操作，目的是对“数据信息内容的秘密”进行保护。“数密”理论主要讨论数据确权与数据资产管理活动中，特别是如何在实现数据分析、计算的过程中保护数据秘密，使数据参与方的原始数据中的信息技术不被泄露。这是“数密”理论讨论的核心内容和目标价值。“数密”理论主要是在进行数据分析、计算的过程中，为了实现不泄露数据参与方原始数据的任何信息的信息技术产物。具体做法也有很多，但其最突出的短板就是“以技术抵抗技术”[1]，无法抵御技术更新后的风险。尽管如此，但这一理论指导下的研究理路和实际成果较为丰富。从隐私计算技术的分类来看，主要有三种技术思路导向。一是与密码学融合应用的隐私计算技术，其核心技术是安全多方计算技术；二是人工智能与隐私保护技术融合衍生的升级性技术；三是可信硬件支撑下的隐私计算技术。从便于追责和防修改视角看，主要有区块链技术。从更微观检测敏感信息视角来看，主要有语音语义技术。从加密对象视角来看，主要有对文件、记录、字段、数据等进行可逆式加密和非可逆式加密。此外，还有将以上技术进行组合应用的研究理路。由此可见，“数密”理论主要是数据与密码学理论的融合应用。

一方面，数据确权与数据资产管理的“数密”说面对一定挑战。在数智时代，数据确权与数据资产管理的“数密”说认为，匿名化技术和隐私计算技术是基础技术，且这两项技术的需求也超过以往的任何时刻。[2] 然而，纵览当前任何有关数据确权与数据资产管理的“数密”理论与技术均存在如下问题：互为悖论，既是矛又是盾，既要加密又要解密，提取信息中的有用价值。例如，

---

[1] 潘军，罗用能．勒索病毒事件的科技伦理隐忧与消解 [J]. 长沙理工大学学报（社会科学版），2018（3）：8-13.

[2] 韦韬，潘无穷，李婷婷，等．可信隐私计算：破解数据密态时代“技术困局”[J]. 信息通信技术与政策，2022（5）：15-24.

“绝对匿名化会损失数据价值”❶，数据不能绝对匿名，从信息熵理论来看，数据匿名总是有较高的失效率，而绝对匿名化使数据变得几乎无价值可用。再如，匿名化技术和“现有隐私计算在性能和稳定性上存在严重短板”❷。一是有技术对抗技术的安全隐患；二是具体技术本身也有诸多不容易克服、规避的短板问题，如一些技术的不可逆的数据价值损失问题。

另一方面，数据确权与数据资产管理的“数密”说面对一定机遇。在数据确权与数据资产管理中，“数密”理论有较为鲜明的优势和机遇，能解决一定范畴内一些海量数据在“不可显见数据信息本身”条件下的价值提取与利用。这不仅促进海量数据的聚集与利用，而且增加人类对数据安全应用的一些信心，还明显地推动数据确权与数据资产管理中“数密”理论的丰富、完善，包括“数密”理论转化为实践技术应用的进步。正因如此，有学者认为，“数密”理论范式与实践范式存在不足，如“当前的数据环境更加开放，共享利用更为频繁，数据呈现来源广、规模大、结构丰富、处理行为多样、拥有权与使用权分离等特点，针对数据面临着被恶意窃取、篡改、删除、非法使用等威胁和技术挑战，以密码技术为核心，设计了数据安全基因模型，提出了具有安全存储、密态利用、全程监管能力的开放环境下数据安全架构，为不同典型场景的数据安全需求提供解决方案”❸。除了技术破除之外，“数密”理论范式与实践范式增加和强调了合规、标准、评测等保证健康发展的关键要素。❹

❶ 韦韬，潘无穷，李婷婷，等. 可信隐私计算：破解数据密态时代“技术困局”[J]. 信息通信技术与政策，2022（5）：15-24.

❷ 韦韬，潘无穷，李婷婷，等. 可信隐私计算：破解数据密态时代“技术困局”[J]. 信息通信技术与政策，2022（5）：15-24.

❸ 张帅领，汤殿华，胡华鹏. 开放环境下大数据安全开发利用的挑战和思考 [J]. 信息安全与通信保密，2022（5）：59-72.

❹ 韦韬，潘无穷，李婷婷，等. 可信隐私计算：破解数据密态时代“技术困局”[J]. 信息通信技术与政策，2022（5）：15-24.

二、数据确权与数据资产管理的实践技术及应用短板

（一）隐私计算的算法差异较大，难以形成统一的安全基础

“思路决定出路”，要找到数据确权与数据资产管理的应用短板，首先必须了解数据确权与数据资产管理所运用的实践技术并梳理其相应的短板。当前，在实现数据确权与数据资产管理的过程中，数据确权与数据资产管理的实践技术主要是隐私算法。隐私算法实践技术应用率高，仅中国的应用市场在2021年规模超8.6亿元[1]。而所谓隐私计算，就是“在数据本身不对外泄露的前提下，为第三方数据使用需求提供计算支撑，以原始数据‘可用不可见’的方式，实现数据安全利用的技术”[2]。截至目前，隐私计算主要包括四大核心技术（见图2-1）。

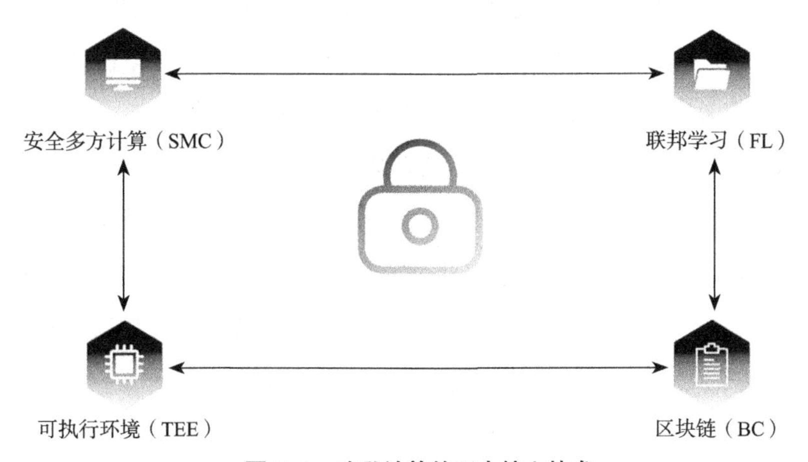

图2–1 隐私计算的四大核心技术

（1）安全多方计算（Secure Multi-Party Computation，SMC），是指多个参与方共同计算某个函数，计算结束时只能获得私有数据的输出结果，不能获取其他参与方的输入信息和输出结果。安全多方计算“一般包括秘密分享、混淆

[1] 郭钇杉.2021年中国隐私计算市场规模超8.6亿元[N].中华工商时报，2022-05-09（4）.

[2] 朱军，曹朋帅.隐私计算为掘金大数据保驾护航[J].中国电信业，2022（6）：14-18.

电路、不经意传输等，并与加法同态等配合使用”❶。

（2）联邦学习（Federated Learning，FL），是指依靠机器学习技术，各参与方将本地训练的数据通过通信机制传到中央服务器，中央服务器收集各方参数进行训练，以构建全局模型并送回各参与方。当然，这种技术的底层仍然是SMC和加法同态等密码协议，只是运行过程中会把一些看似和原始数据无关的中间过程使用明文进行计算。❷

（3）可信执行环境（Trusted Execution Environment，TEE），是基于可信硬件的隐私保护技术，在硬件中为敏感数据单独分配一块隔离的内存，作为安全运算环境，所有敏感数据的计算均在这块内存中进行。❸“可信执行环境能够基于硬件提供一个隔离的运行环境，其隔离性不受任何外部软硬件和人员的影响，各方可以将数据汇聚到TEE中进行融合计算。”❹

（4）区块链（Block Chain，BC），是通过点对点技术（P2P）、非对称加密算法、“区块—链式”数据结构、分布式账本和共识机制等基础技术及智能合约与虚拟机等更高级的资产互联技术之间的巧妙组合。❺

诚然，在数智时代，个人隐私、信息数据常常受到威胁和侵犯，隐私计算在用户信息披露的研究、隐私数据的保护上具有极大的潜能和优势。例如，在社会科学领域，隐私计算可以通过感知隐私风险、隐私收益等因素调节互联网用户的隐私披露意愿并引领道德选择，让用户隐私安全和数据披露之间取得平

---

❶ 韦韬，潘无穷，李婷婷，等．可信隐私计算：破解数据密态时代“技术困局”[J]. 信息通信技术与政策，2022（5）：15-24.

❷ 韦韬，潘无穷，李婷婷，等．可信隐私计算：破解数据密态时代“技术困局”[J]. 信息通信技术与政策，2022（5）：15-24.

❸ 宁振宇，张锋巍，施巍松．基于边缘计算的可信执行环境研究 [J]. 计算机研究与发展，2019, 56（7）：1441-1453.

❹ 韦韬，潘无穷，李婷婷，等．可信隐私计算：破解数据密态时代“技术困局”[J]. 信息通信技术与政策，2022（5）：15-24.

❺ 井底望天，武源文，赵国栋，等．区块链与大数据：打造智能经济 [M]. 北京：人民邮电出版社，2017.

衡；在自然科学领域，隐私计算技术可以在保障隐私数据安全流通和共享的前提下联合多个参与方利用数据进行计算分析，释放数据价值。由此可见，隐私计算在数据流通和数据价值释放过程中起着推动和保护的作用，其推动作用主要表现在引导用户提供安全可靠的个人数据，隐私计算的保护作用则主要表现在数据被用于“可用而不可见”的多方协同中计算。[1]

综上所述，隐私计算实践技术作为一种推动数据安全有序流动的解决方案，其核心价值是能够实现“数据可用不可见”“数据不动模型动”，具有打破数据孤岛、加强隐私保护、强化数据安全合规性的能力。然而虽然隐私计算实践技术有较大的优势，能够在一定程度上保障数据安全流通和应用，但是隐私计算实践技术也有若干应用短板，特别是“在技术层面上，隐私计算不仅需要自身技术的完善，还需要其他技术加以配合。四大核心技术各自具有各自的优势，但是如何实现技术之间有效的融通和协调仍是隐私计算面临的难题。从外部技术环境来看，隐私计算还需要数据规范化、算法有效性以及应用场景的确定性信任为保障。如果上述技术发展不充分，那么隐私计算的发展与应用也必然大打折扣”[2]。具体来看，隐私计算实践技术存在以下短板。

隐私计算实践技术除其自身的短板多（如安全多方计算，计算加法是很容易的，但是计算乘法就困难得多[3]；TEE的安全风险主要来自侧信道攻击和供应链攻击[4]；联邦学习中明文计算等在设计之初往往没有进行充分论证[5]）之外，还存在如下三个短板。

---

❶ 杨瑞仙，李兴芳，王栋，等．隐私计算的溯源、现状及展望[J]. 情报理论与实践，2023，46（7）：158-167.

❷ 朱军，曹朋帅．隐私计算为掘金大数据保驾护航[J]. 中国电信业，2022（6）：14-18.

❸ 韦韬，潘无穷，李婷婷，等．可信隐私计算：破解数据密态时代“技术困局”[J]. 信息通信技术与政策，2022（5）：15-24.

❹ 韦韬，潘无穷，李婷婷，等．可信隐私计算：破解数据密态时代“技术困局”[J]. 信息通信技术与政策，2022（5）：15-24.

❺ 韦韬，潘无穷，李婷婷，等．可信隐私计算：破解数据密态时代“技术困局”[J]. 信息通信技术与政策，2022（5）：15-24.

（1）隐私计算实践技术有一定的安全假设风险。例如，有对硬件的安全可信假设，也有对多个参与方的安全信任假设等，从某一视角来看这些都是风险点。

（2）技术工程本身存在偏差。如图 2-1 所示，隐私计算实践技术的四大核心技术的组织架构及先后顺序、叠加层级、加密方法选择等都存在差异。

（3）与四大核心技术有关的应用场景条件差异都会形成更大的偏差。例如，虽然安全多方计算和同态加密能够近乎完美地保护隐私，但是烦琐的、开销大的计算过程使这类技术的性能与扩展性不足，难以支持大规模的应用。联邦学习的通信开销虽然较小，但是对于隐私的保护略显逊色，用户隐私依然存在被攻击的可能。[1]综上所述，虽然隐私计算实践技术得到一定程度的发展，特别是其中一些局限获得一定程度的弥补性发展，但是由于其四大核心技术及其技术集、算法差异等存在短板和异质性质效，因此其也不可避免地存在相应的安全风险。

（二）加密计算对计算和通信的要求较高，性能优化必然有风险

一般来看，隐私计算要求有 n 个参与方实时、同步保持在线、计算、通信协同工作。若任何一方无法做到“同时、实时、及时”（“三时”）中的一项或弱化其中一项正常发挥作用，计算工作就会停滞不前，甚至导致运行结果质量不精准、不可靠或宣布数据确权与数据资产管理失败。这就要求密态技术克服其较大的局限性、条件性和差错可能性，这样不仅有成本增加的风险，还可能有技术性能弱化的风险，甚至达不到高标准的隐私计算目的。例如，基于可信执行环境的解决方案，尽管可以通过提质可靠硬件商来保证准确性和隐私性，但是硬件设计和制造的成本较高。[2]此外，区块链作为一种能够提供分布式信任机制的关键技术，其与隐私计算技术进行融合可以极大整合二者优势、使其

[1] 杨瑞仙，李兴芳，王栋，等. 隐私计算的溯源、现状及展望 [J]. 情报理论与实践，2023，46（7）：158-167.

[2] 杨瑞仙，李兴芳，王栋，等. 隐私计算的溯源、现状及展望 [J]. 情报理论与实践，2023，46（7）：158-167.

相互补充，虽然这样可以在打破数据壁垒的同时能保证数据的隐私安全，但仍存在一些问题，如在区块链与安全多方计算应用中，加密和解密的过程会损耗大量计算和通信资源[1]。由此可见，隐私计算实践技术如何在提高安全性的同时能够降低其通信和计算的复杂程度可能是下一步研究的主要内容。正因如此，有学者提出诸如可信密态计算等可克服现有隐私计算技术短板的理路，即可信密态计算能在多个高速互联的可信执行环境中运行密码协议，特别是通过结合全栈可信技术，形成全栈可信、可信执行环境、密态程序三层防御，从而较为高质量地解决隐私计算技术中的一些缺陷。[2]

（三）隐私计算的权威性和互联互通性有契合性、共享性偏差

由于隐私计算的目的是让数据受到保护而不影响其使用价值和社会秩序，所以现实生活中往往是各社会组织需要使用隐私计算时就在内部建设并设定隐私计算技能平台，在平台上以适合自己的方法、条件和技术打造隐私计算能力。因此，这样的构建过程和方式在社会中配置参差不齐的隐私计算运行能力，而且众多平台不仅造成资源浪费，还使平台的权威性和互联互通性大打折扣。例如，区块链与隐私计算技术融合的高计算量就对设备性能提出较高要求，目前技术环境中易遇到性能瓶颈，除了算力算法层面需要优化之外，通信效率与通信压缩技术也需要进一步提高。与此同时，区块链与隐私计算技术融合产品出现的意义虽然在一定程度上高质量地实现保障隐私数据的安全流通，然而技术本身依然存在安全问题，且在算法协议层、开发应用层等安全问题上共识亦尚未达成。[3]

---

❶ 刘炜，唐琮轲，马杰，等．区块链在隐私计算中的应用研究进展 [J]. 郑州大学学报（理学版），2022，54（6）：12-23.

❷ 韦韬，潘无穷，李婷婷，等．可信隐私计算：破解数据密态时代“技术困局”[J]. 信息通信技术与政策，2022（5）：15-24.

❸ 李卫，种法辉．区块链隐私计算结合在数据流通领域应用展望 [J]. 中国科技信息，2023（11）：114-116.

（四）隐私计算的数据授权和知晓权不规范，容易引发数据应用乱象

一方面，隐私计算的数据授权和知晓权不规范、不彻底。从法学视角来看，隐私计算实践技术是对数据进行加密，再让数据在加密保护的前提下实现“不漏光而实现价值应用”和“资产产权”，但是这要获得数据所有权主体的授权同意，并使数据所有权主体享有知晓数据应用范围和应用程度的权利。然而现实中由于数据形成主体是多元的，而数据搜集的是少数主体，这种非均衡性数据主体与使用能力及其界限的非清晰性和非排他性往往使数据搜集主体和使用方之间以“商业协议”来保障、授权、落实知晓权。同时，这里的保障、授权、落实知晓权是有局限性的，而且不能较高质量地厘清数据所有权、收益权和支配权和数据使用范围及使用程度的权益保障、授权和知晓权。实际上，这为社会公平、正当、公开、合法使用数据创造了一个“极为不好”的生态环境，甚至会引发争夺数据资源开发利用的数据暴力。

另一方面，隐私计算的数据授权和知晓权无合法验证和安全验证。隐私计算实践技术群的工作是收集越来越多的海量数据，并对数据进行一定程度的匿名化处理、选取有利用价值的海量数据，但原始数据的来源是否合法则不是隐私计算实践技术群能够解决的问题。不仅如此，由于隐私计算实践技术群中的安全多方计算和联邦学习机制会将多个不同的主体拉入数据处理的过程，这不仅不能解决数据来源的合法性，而且会在一定程度上增加技术规避因某个数据的来源不合法而造成全体数据处理者共同侵权的风险。与此同时，有些学者注意到隐私计算实践技术存在诸多安全风险，并指出“隐私计算虽然具有推动数据‘可用不可见’的功能，能够满足数据价值运用与数据安全保护兼顾的需求。然而，在目标实现过程中，隐私计算实践技术也潜藏着数据合规风险、数据泄露风险、歧视放大风险、数据群岛风险、信任瓦解风险，亟须通过法律进行规制”[1]。

---

[1] 尹华容，王惠民．隐私计算的行政法规制 [J]. 湖南科技大学学报（社会科学版），2022，25（6）：93-101.

综上所述，在实现数据确权与数据资产管理的过程中，隐私计算实践技术应用短板的突破，不仅需要“以技术对抗技术”的“硬条件”的达到与进步，而且需要从国家层面出台与之相关的法律法规等软条件、软文化等的约束和控制。

三、数据确权与数据资产管理的应用旨归与拓展短板

在第一章中，笔者论述了数据确权与数据资产管理的基本诉求、价值诉求和终极价值，它们分别为秩序、效益和臻真、臻善、臻美的人的自由全面发展。但是，在现实社会活动中，在实现数据确权与数据资产管理的过程中，人们还追求融合应用的经济发展价值、效益的攀升，推动秩序和人的自由全面发展的价值诉求的融合、推广，以致秩序与人的自由全面发展的诉求逐渐显现淡薄之势。长此以往，这种价值导向的不均衡势必造成数据确权与数据资产管理内在价值核心定位的不良发展和正确价值导向的偏离，甚至导向数据确权与数据资产管理的应用目标价值错误。施瓦茨（Schwartz）提出将个人数据赋权给消费者，将其看作一种商品，并通过有组织的市场交易来实现最优的个人隐私披露。[1]这种观点把个人数据当作商品，使个人数据权利作为消费者获得所有物的方式，致使追求数据确权与数据资产管理的经济利益成为最终的价值诉求。可以说，这是一种不具有远见与思想深度的短视行为，必须认清这种将经济利益置于首位的价值导向。一方面，数据确权与数据资产管理必须建立在全面的价值认知之上，也只有这样，才能保证其顺利、健康发展；另一方面，既要处理好有关经济利益的“效益”追求，又要处理好数据隐私安全、数据产权明晰、数据资产管理等方面的“秩序”价值保障。只有这样，才能保证数据确权与数据资产管理的价值旨归最终导向并回归人与数据共同实现臻真、臻善、臻美的自由全面发展的终极价值诉求。

---

[1] 唐要家．数据产权的经济分析 [J]. 社会科学辑刊，2021（1）：98-106，209.

（一）既要处理好经济利益，又要处理好数据隐私安全

数智时代的数据隐私安全问题实际上就是寻求数据隐私安全保护与数据公开共享之间的平衡，进而获取臻真、臻善、臻美的数据价值收益。因此，要在促进数据利用效率最大化的同时，关注数据隐私权的保护，实现互联网提高效率、服务社会的初衷[1]。数据确权的目的不仅是对数据产权进行明确，而且在实现产权明确的同时，首先让数据所有权人拥有合法支配其数据的权利，包括隐私权是否公开的自主权（对于所有拥有所有权的数据，并不是数据所有权人都有权公开）和选择隐私数据公开程度层级的支配权。数据资产管理的价值目标也一样，虽然数据资产确权后产权明确，数据实现资产化管理，但是并不意味着可以完全享有这些数据资产的收益权和支配权，相反数据资产收益的背后或者说实现数据资产的支配、收益、使用是有前提条件的，即不得随意公开、应用隐私数据，即使共有的数据资产或获得委托授权的数据资产。诚然，由于在数据权属分配问题上，目前我国法律法规尚未进行详尽规定，仍然与大多数国家一样采取“捡到归我”的模式，即谁获取数据谁就可以处理、转售，该模式导致了数据的乱象。[2] 例如，在安装 App 过程中，获取权限的请求五花八门，但绝大多数 App 获取的权限与实现功能的需求并不匹配。根据相关统计，目前在智能手机上每安装 1 个 App，就需要获取 15 项以上个人信息，个人变成“透明人”的趋势越来越明显。因此，当公开或应用的数据资产或隐私数据涉及他人利益损失时，这种公开与应用是必须受到限制的。反之，如果一个人公开属于家族病史的个人疾病全程数据，那么表面上看这些数据属于他自己，但是通过他的公开或应用往往能解读出与其相关的家庭成员的家族病史、症状等隐私数据。因此，公开与应用这类数据必须严谨、慎重，应有一定条件的制约。如

[1] 祝阳，李欣恬．大数据时代个人数据隐私安全保护的一个分析框架 [J]. 情报杂志，2021，40（1）：165-170.

[2] 张媛媛．论数字社会的个人隐私数据保护——基于技术向善的价值导向 [J]. 中国特色社会主义研究，2022（1）：52-59.

果就医时仅向医生公开是可以的，但如果用于医药公司的加工分析和市场营销就是不可取的，应当受限，包括用于对某一个体过度关心也是不可取的。总之，对于确权后的数据和实现数据资产管理后的数据公开与应用，至少应设定一些等级化的应用原则和禁用清单，至少包括“不得有损他人利益、名声或荣誉”的中观、宏观原则。

（二）既要处理好经济利益，又要处理好数据产权明晰

随着现代社会的发展，生产要素已不仅局限于最初的土地、劳动和资本，尤其对如今数字经济而言，数据才是核心的生产要素。[1]因此，哪个国家占领与数据相关的技术高地，其不仅拥有国际话语权，而且国际竞争力必然飞速跃升并屹立于世界民族之林。在这一过程中，数据确权与数据资产管理也必然成为各国争相攻占的领域。以中国为例，2019 年 10 月，党的十九届四中全会提出“健全劳动、资本、土地、知识、技术、管理、数据等生产要素由市场评价贡献、按贡献决定报酬的机制”，这是首次明确将数据作为生产要素。2020 年 4 月，中共中央、国务院发布的《关于构建更加完善的要素市场化配置体制机制的意见》这一纲领性文件，提出“根据数据性质完善产权性质”的政策目标。2022 年 6 月，中央全面深化改革委员会第 26 次会议审议通过《关于构建数据基础制度更好发挥数据要素作用的意见》，习近平总书记在主持会议时强调，统筹推进数据产权、流通交易、收益分配、安全治理，加快构建数据基础制度体系；2022 年 12 月，中共中央、国务院正式对外发布《关于构建数据基础制度更好发挥数据要素作用的意见》，其中提出“建立数据资源持有权、数据加工使用权、数据产品经营权等分置的产权运行机制”。由此可见，明确数据产权、完善数据权属分配规则制度等已经在中央层面形成高度共识，成为整个数据基础制度体系构建的政策设计与价值导向。[2]与此同时，国家发展和改

[1] 申卫星．论数据产权制度的层级性：“三三制”数据确权法 [J]. 中国法学，2023（4）：26-48.

[2] 申卫星．论数据产权制度的层级性：“三三制”数据确权法 [J]. 中国法学，2023（4）：26-48.

革委员会明确提出，要推动数据产权结构性分置，跳出所有权思维定式，聚焦数据在采集、收集、加工使用、交易、应用全过程中关照各参与方的权利。首先，通过建立数据资源持有权、数据加工使用权、数据产品经营权“三权”分置，强化数据加工使用权，放活数据产品经营权；其次，加快数据产权登记制度体系建设，为推动数据有序流转、鼓励数据开发利用、引导数据产品交易、释放数据要素价值提供制度保障。同时，在数据确权与数据资产管理过程中，数据产权是促进数据要素市场化配置，最大化释放数据要素价值和实现数字经济高质量发展的前提。此外，数据确权与数据资产管理的经济利益诉求也是普遍存在的，但二者必须以数据产权明晰为前提和条件，否则数据确权与数据资产管理的经济利益是虚幻的、非真实的。因为数据产权明确的目的在于实现数据确权与数据资产管理的经济利益公平、有序分配，是解决经济利益分配给谁、分多少给谁的问题。也就是说，当数据产权明确时，产权人就享有数据确权与数据资产管理的收益权。当然，“数据确权也应该实现不同利益主体激励相容。数据确权本身不等于一定要赋予相关主体以排他性所有权，进一步来说不是所有与数据有关的权利或利益都属于所有权，或者一定需要通过产权来保护”[1]，“数据确权必须考虑不同主体在数据价值链不同环节的价值贡献和利益关切，实现不同主体之间对数据要素开发利用的激励相容”[2]。

（三）既要处理好经济利益，又要处理好数据资产管理

数据资产管理是规划、控制和提供数据及信息资产的一种业务性职能，包括开发、执行和监督有关数据的计划、政策、方案、项目、流程、方法和程序，从而控制、保护、交付和提高数据资产的价值。数据资产管理以最大化数据价值为目标，通过数据管理职能、保障措施、技术平台实现数据的有序、可用、易用和效用，即通过数据运营实现数据资产化、数据保值和增值。因此，

[1] 唐要家．数据产权的经济分析 [J]. 社会科学辑刊，2021（1）：98-106，209.

[2] 唐要家．数据产权的经济分析 [J]. 社会科学辑刊，2021（1）：98-106，209.

数据确权与数据资产管理是实现经济利益的前提、保障，否则一切利益都是不真实的、不踏实的，甚至可能是侵权的或违法的。只有产权明晰的数据资产，才能在管理和运营过程中具有融合应用的合法经济价值，否则其价值是不被保障的。由此可见，在数据资产管理中，明确数据资产的权属、建立有关制度、厘清数据资产份额等都是实现数据经济利益的前提、保障。从微观层面来看，“当前，数据资产的具体概念是存储在网络空间中，权属明确，可以进行计算也可以进行读取的有价值的数据。数据资产有非常明显的特点，分别是衍生性、共享性及非消耗性”[1]。其中，数据资产的衍生性实际上就是相关海量数据聚合具有爆发性价值，这种价值可以生产产品，也可以提供服务，还可以是信息或知识等形态；数据资产的共享性指数据资产拥有者对数据价值有支配权和使用权，或数据资产集体拥有共同支配权和使用权；数据资产的非消耗性，是指数据资产价值在支配、使用后一般没有损耗，是可以反复支配和使用的，且数据的存储量不变，但是从信息传播效率来看数据已经降低价值，甚至没有价值。可见，数据资产管理与数据确权是实现数据经济利益的前提、保障，只有把握数据资产的衍生性、共享性、非消耗性等特点，才能更好地掌握数据资产管理与数据确权运行的规律。

（四）既要处理好经济利益，又要处理好数据

数据确权与数据资产管理是对关于人的数据进行确权并为实现数据资产化而进行的一种现代化管理。因此，数据不应被简单地确权于平台，应被优先确权于消费者，这是一个重要的原则，是所有其他相关制度设计的前提和基础。这不仅具有深厚的正义基础，而且符合市场经济的基本规律，也是所有可能确权的模式中的最优选择。其中，数据的非竞争性使权能分离得以实现，无疑是消费者数据产权最重要的密码，在兼顾公平与效率的同时，也契合中国当前及

---

[1] 柴博悦．基于区块链技术的企业数据资产管理模式研究 [J]. 商场现代化，2021（5）：106-108.

未来的经济社会发展战略。❶与此同时，这样的数据确权与数据资产管理“不仅促进了人类文化的发展，诱发了人们价值观念、民族意识和社会文化心理的全方位变革，而且也为人类道德的进步提供了难得的机遇，形成了许多与时代共鸣的价值观念和伦理精神”❷。正因如此，科技绝不仅止于知识、工具和能力，而且需要吸收、服从、遵循和坚持道德伦理和价值诉求并进行再升级、再改造，直至成为助力实现人的自由全面发展的绝佳手段，因为“人类的智慧在自己的创造物面前感到迷惘而不知所措了。然而，总有一天，人类的理智一定会强健到能够支配财富……单纯追求财富不是人类的最终的命运。……这（即更高级的社会制度）将是古代氏族的自由、平等和博爱的复活，但却是在更高级形式上的复活”❸。由此可见，一方面，科技要促进人的自由全面发展，因为自由是建立在物质和精神财富极其丰富的基础上的，科技的进步、科技作用的充分有效发挥是人得到自由全面发展的基础和前提；另一方面，科技要促进社会的全面和谐发展。正是基于科技的社会化、经济化，人类才有可能实现从必然王国到自由王国的飞跃。因此，数据确权与数据资产管理的旨归必须是为了人民、人的自由全面发展和幸福。

（五）既要处理好经济利益，又要处理好数据的真、善、美

科技是人们向往自由、向往从动物一般的生活条件中解放出来，追求远、宽、高，克服空间和时间造成的距离，追求温暖、舒适、光明、美好、认识的得力助手与理想工具。❹历史和现实都充分证明：“人类从事科学技术的总体

❶ 武西锋，杜宴林．经济正义视角下数据确权原则的建构性阐释 [J]. 武汉大学学报（哲学社会科学版），2022（2）：176-184.

❷ 杨怀中．“网络社会”的伦理分析及对策 [J]. 武汉理工大学学报（社会科学版），2001（1）：14-17.

❸ 马克思，恩格斯．马克思恩格斯全集：第 45 卷 [M]. 中共中央马克思恩格斯列宁斯大林著作编译局，编译．北京：人民出版社，1985：513.

❹ DESSAUER F. Streit um die technik [M]. Frankfurt：Verlag Josef Knecht，1956.

动机或目的是‘善意的’”[1]，而对数据确权与数据资产管理而言也是如此。一方面，数据确权与数据资产管理要求数据确权和数据资产化前的数据都是臻真、臻善、臻美的数据，绝不能用虚假数据确权、用恶的数据作为资产，更不能用侵权的数据确权和实现数据资产化，否则这些数据的确权和资产管理将使社会陷入“无序”，且没有向上、向善的价值和收益，甚至可能不是服务人和解放人的有价值数据，而是损害人类的负能量数据。特别是搜集数据人员或数据管理人员等往往在获得一批原始数据时，原始数据通常是没有经过任何技术手段处理的，原始数据来源复杂，各行业、各领域、各阶层的信息中充斥着大量的虚假数据、废弃数据。这时就要运用技术手段将有效数据筛选出来，并将虚假、废弃数据等剔除，最终获得真实、有效和合法合规的数据，之后再根据其特性等进行更深层次的细分确权，使其更具针对性，为数据资产化管理奠定更坚实的基础。另一方面，要求确权后的数据和数据资产也是臻真、臻善、臻美的，否则这些数据的价值不符合人、社会和自然的理性价值需要。这就要求在数据确权与数据资产管理的过程中，在保证数据真实性的基础上，要善于挖掘、分析和使用数据的向上、向善实践办法。同时，要理性分析并构建数据搜集、确权和资产管理整个过程和整套系统的目标指向体系，不是为了用数据而使用数据，而是善于发现数据的真、善、美，进而让数据确权与数据资产实现数据臻真、臻善、臻美。因为每一个数据可能代表的是现实生活中具体的个人及其社会关系，所以在使用数据的时候应该多角度进行分析，实现更高臻真、臻善、臻美的价值目标。实质上，这就要求整个人类在产生数据、数据确权与实现数据资产管理的过程中，都应该遵循臻真、臻善、臻美的价值追求，在遵循自然万物之道的基础上追求产生数据、数据确权和实现数据资产管理。

[1] 李桂花．科技的人化——对人与科技关系的哲学反思 [M]. 长春：吉林人民出版社，2004：76.

第二节　数据确权与数据资产管理发展的障碍

如前文所述，数据确权与数据资产管理不仅存在一些重、难点问题和突出短板，而且存在三个突出的基本问题和发展障碍。一是如何划分清楚数据的权属并确立权属认定；二是保障数据在流通和使用中的信息安全；三是权属明确、安全得到保障的数据实现资产化的管理与收益。相应地，在数据确权与数据资产管理中，也至少存在科技支撑、价值导向及社会治理三个层面的发展障碍，其中科技支撑是关键障碍、价值导向是核心障碍、社会治理是基础障碍。

一、科技支撑是关键障碍

随着科学技术力量的不断彰显，人类实践活动被科技引入“万物皆数”的新场域。人类通过科技与数据实现理性价值的需求越来越强烈，实现数据确权与数据资产管理也变得越来越重要、迫切。正因如此，人类社会逐渐出现一些与之相应的可作为科技支撑的多样而丰富的数据控制手段，或称数据控制科技集，如前文所述的密态数据技术等。然而，这些被普遍应用的较为可靠的科技手段在社会实践中饱受争议，包括对科技本身安全可靠性的争论。虽然密态数据的模式为数据确权与数据资产管理等数字经济指出新的发展方向、提供一定程度的安全保障，但是“以科技对抗科技”的风险是存在的，而且是一种科技支撑本身先进与落后的周期性科技风险，即这种科技支撑风险实际上是科技本身的技术周期障碍所含隐患导致的。同时，为保护数据内容中的隐私信息和秘密信息，数据加密与数据应用中的解密也必然形成矛与盾。绝对化的数据加密不仅使数据解密与应用的消耗大、成本高，而且数据的可利用价值也会受到影响和制约，包括可利用价值的减少和减小。隐私计算实践技术存在至少三个方

面的技术障碍或缺陷：一是在安全多方计算方面，具有计算加法很容易的技术优势，但是计算乘法就有困难和存在技术拓展障碍；[1]在TEE的安全风险方面，有容易被侧信道和供应链攻击的技术防御障碍或缺陷；[2]在联邦学习中采用明文计算时存在没有进行充分论证的技术可实践优化障碍和可演进式的科技经验积累障碍。[3]

综上所述，数据确权与数据资产管理的单一性原数据是较为容易实现确权的，按照《中华人民共和国物权法》《中华人民共和国民法典》等法律法规，结合数据特性进行创新改造，再遵循“由谁产生即是谁的发生学原则”，即可完成确权。但是，原数据在流通过程中不可避免地加入了诸多原数据、加工数据和其他诸如器械运行数据等，这就给数据确权带来了复杂性，包括要对涉及数据当事人、数据收集者和数据使用者（或访问者）三类民事主体进行数据贡献厘清，以及支撑实践应用的贡献率厘清。[4]同时，多次流通的数据与早期流通的数据之间的价值有重复和部分相同等，这些都是确权难以厘清的数据权属，且需要大量的科技支撑才能实现数据确权与数据资产管理。即使区块链技术记录了数据叠加的贡献值，也不能简单地以数据量（单位 GB）记录贡献量，更不能以数据条、块记录贡献量，更科学的方法是按数据单位量中的价值大小记录贡献量，但这种贡献量价值大小的数据价值评估截至目前是没有很好的技术支撑的。加之与传统资产相比，由于数据资产具有形态虚拟、形式共享、可处理加工、价值易变等特性，所以数据资产价值评估体系更为复杂，评估工作

---

❶ 韦韬，潘无穷，李婷婷，等．可信隐私计算：破解数据密态时代“技术困局”[J]. 信息通信技术与政策，2022（5）：15-24.

❷ 韦韬，潘无穷，李婷婷，等．可信隐私计算：破解数据密态时代“技术困局”[J]. 信息通信技术与政策，2022（5）：15-24.

❸ 韦韬，潘无穷，李婷婷，等．可信隐私计算：破解数据密态时代“技术困局”[J]. 信息通信技术与政策，2022（5）：15-24.

❹ 蔡跃洲，马文君．数据要素对高质量发展影响与数据流动制约 [J]. 数量经济技术经济研究，2021，38（3）：64-83.

开展也存在更多困难和挑战等。与此同时，虽然有学者建议在数据价值评估过程中建立多维动态的估值框架，根据数据资产状态、持有目的、开发利用情况等的不同使用不同维度、方法评估其价值，并为更好地服务当下、兼顾长远，做好数据资产价值评估还需要建立科学的数据资产分类体系、完善的数据资产价值评估标准等。[1] 总之，通过对已有文献资料的梳理研究和结合实践调研发现，实现数据确权与数据资产管理的关键障碍仍然是技术。

二、价值导向是核心障碍

价值导向是“一定社会或阶级为了实现其政治经济目的，依据其价值观念和价值原则的要求所形成的总的指导思想和所提倡的社会生活的总体指向”[2]，也就是一定社会或阶级通过一定的理论范式和实践范式宣传其路线、方针、政策的引领活动，对个人、集体的价值取向有引导、示范、要求和教育意义。[3] 由此可见，价值导向是调整社会价值观的杠杆。我国的社会主义核心价值观体现的是整个社会的共同价值诉求，其发挥作用的方式是通过一定程度的价值引领调控人们的道德选择，即用理性将非理性的价值取向和目标规制起来，用各种价值规范将各种失范约束起来，用秩序将无序控制起来，进而使人的生存状态更加完善完美、社会更加和谐稳定、生活更加丰富多彩。在现实的数智时代，数据确权与数据资产管理的价值导向是多元的，总体上在当前经济社会中较普遍的价值导向是“经济利益”。然而我们不能只是在这种社会普遍追求的价值导向上发展数据确权与数据资产管理。如果数据确权与数据资产管理在今天和未来仍然沿用这样的价值导向，那么它们可能会成为经济社会的万恶之源，经济利益的驱动可能会使数据确权与数据资产管理成为少数人剥削多数人

[1] 刘雁南，赵传仁．数据资产的价值构成、特殊性及多维动态评估框架构建 [J]. 财会通讯，2023（14）：15-20.

[2] 唐凯麟．伦理学 [M]. 北京：高等教育出版社，2001：508.

[3] 夏伟东．思想道德修养 [M]. 北京：中国人民大学出版社，2003.

的隐性手段。马克思曾指出："如果有 20% 的利润，资本就会蠢蠢欲动；如果有 50% 的利润，资本就会冒险；如果有 100% 的利润，资本就敢于冒绞首的危险；如果有 300% 的利润，资本就敢于践踏人间一切的法律。"[1] 由此可见，当前数据确权与数据资产管理的"经济利益"价值导向是不可取的。虽然世界各地区和国家在治理和引领数据确权与数据资产管理的价值导向上采取一些向上、向善的措施，以秩序化为根本，并在此基础上追求"效益"，但是在经济社会中的这种认同和遵循是不到位、不普遍的。

综上所述，虽然当前数字技术和人工智能技术在一定程度上被一些别有用心的人"改头换面"用于作恶，但是"趋善"从始至终都是科学技术发展的唯一目标，并是人类一致认可的唯一目标。那么，在大数据应用与保护方面探寻技术向善的回归理路，既能够调整科学技术发展事与愿违的状况，又能够为大数据安全技术的创新发展提供价值性导向和发展向善性动力。[2] 鉴于此，数据确权与数据资产管理需要真正树立正确的具体价值导向。那么，树立正确的大数据价值导向至少需要如下主要条件。第一，明确主体责任。数据搜集人员和数据管理人员是保障数据运行和安全的重要基础，因此需要完善相关法律法规，加强对数据搜集人员和数据管理人员的职业教育，并对其进行法律监管及约束。第二，培育大数据素养。2021 年 11 月中共网络安全和信息化委员会办公室发布的《提升全民数字素养与技能行动纲要》中明确要求："提升全民数字素养与技能，是顺应数字时代要求，提升国民素质、促进人的全面发展的战略任务，是实现从网络大国迈向网络强国的必由之路，也是弥合数字鸿沟、促进共同富裕的关键举措。"[3] 当前，要实现大数据技术安全运行发展，推动我国

---

[1] 段磊 . 商业世界没有"山楂树"[J]. 东方企业文化，2011（3）：62-65.

[2] 张媛媛 . 论数字社会的个人隐私数据保护——基于技术向善的价值导向 [J]. 中国特色社会主义研究，2022（1）：52-59.

[3] 中央网络安全和信息化委员会办公室 . 提升全民数字素养与技能行动纲要 [EB/OL].（2021-11-05）[2024-04-25]. http：//www.cac.gov.cn/2021-11/05/c_1637708867754305.htm.

从“数字大国”到“数字强国”的转变和飞跃，就必然要求提升全社会每位公民的数据产权意识和管理能力及数据驾驭能力。第三，加强制度保障。如果国家制度没跟上数据监管的步伐，那么必然会出现监管滞后或空白，进而增加大数据技术系统的安全隐患，因此要从监管方法、监管原则、监管理念等方面创新与完善监管机制建设，并压实各方主体责任，以实现良法善治，为大数据技术创新运行发展创造良好的法律环境。总之，国家要加强对数据确权与数据资产管理的保护、监管及秩序的维持。第四，聚焦技术攻关。习近平总书记在中国共产党第二十次全国代表大会上的报告中强调:“坚持创新在我国现代化建设全局中的核心地位，加快实施创新驱动发展战略，加快实现高水平科技自立自强，加快建设科技强国。”[1] 毋庸置疑，科学技术作为国家发展的第一生产力，可以说“科技立则民族立，科技强则国家强”。在当今世界百年未有之大变局的背景下，科技创新是一个关键变量。因此，当前我国实现科技自立自强的当务之急是以科技价值观为引领尽快解决关键核心技术难题。鉴于此，面对当前数据确权与数据资产管理的若干问题和挑战，我们必然要开展大数据溯源、大数据估值技术的集中攻关研究，率先抢占大数据溯源技术与大数据估值技术融合应用的高地等。

三、社会治理是基础障碍

如前文所述，数据确权与数据资产管理的正确价值导向需要世界各国至少在明确主体责任、培育大数据素养、加强制度保障、聚焦技术攻关等多个方面的共同努力。与此同时，从社会治理的理论来看，数据确权与数据资产管理还应通过数据密态技术攻关、人文精神国际化和大众化的融合形成世界共同认可的机制等才能获得保障。

---

[1] 习近平．高举中国特色社会主义伟大旗帜　为全面建设社会主义现代化国家而团结奋斗 [N]. 人民日报，2022-10-26（1）.

（一）数据密态技术攻关是实现数据确权与数据资产管理的核心技术支撑和前提条件

在数智时代，任何数据只要与海量数据融合，就能通过大数据深度加工分析得到关于个体的隐私数据信息，甚至一些关键的隐私数据信息。鉴于此，《中华人民共和国网络安全法》《中华人民共和国数据安全法》《中华人民共和国个人信息保护法》等法律都明确规定了数据的持有者必须确保所持有数据的安全，并且对数据的使用进行严格的限制。总体来看，为了保护世界各国人民的隐私数据，至少有两条实践路径是当前必须落实的。一方面，对于从发生学意义上来看的原数据，我们要保持正确的价值观、人生观和世界观相融合，即在正确的三观下保证自己能调控的原数据不外传，或者是涉及自己隐私的原数据不上网，或者说避免将隐私原数据放任于网络试图获取收益。诚然，这个方面是我们比较容易做到的。另一方面，世界各国可以联合加强数据密态技术攻关，让任何数据都在不可直接获得信息的情况下进行数据确权、数据资产管理、数据流通和数据交易等，也就是使形成数据的任何社会实践活动都不暴露数据中的真实信息，以密态的形式进行数据流通、确权和实现数据资产管理、数据加工分析等。在大部分场景下，除了匿名化后的数据或者已经取得用户授权的数据之外，数据是不被允许任意流通的。同时，从事数据应用与分析的个体和组织必须在国家相关监管部门备案，并至少获得职业道德等相关培训的资质认可。只有在这种情况下，数据密态流通才可能成为更好的选择，才能更好地控制数据的使用和流通等情况。也就是说，只有对数据要素行业的发展、安全、法规等多种因素进行协同监管，数据密态流通才会成为数据流通的主要形式，既促进各行各业安全合规地蓬勃发展，又促进数据在产权清晰的情况下实现资产化管理，并最终迎来密态数智时代。诚然，匿名化技术和隐私计算技术是密态时代的基础技术，密态数智时代对这两项技术的需求也会超过以往任何时代。这两项技术都有一些难以克服的短板，密态数智时代也需要进一步冲破这些“技术困局”。基于此，密态数智时代实际上是可信隐私计算[1]的时代，必然要求融合可信计算、密码等多项技术，在安全性、性能、可靠性、适用性和成本等方面均可达到较好效果。因此，虽然数据密态技术在当前还有一些不尽如人意的地方，但对它的集中攻关，特别是国际合作攻关与监督管理必然有强大的威慑力、权威性，一般的个体与组织是无法承担的，并辅以一整套紧密联系的社会治理方法共建共治。综上可见，结合当前的社会实践活动来看，数据密态技术已经有人攻关及应用中，但是如前文所述，整个社会的数据密态技术存在一些偏差和短板，而这些恰恰说明数据密态技术攻关是实现数据确权与数据资产管理的核心技术支撑和前提条件。

（二）人文精神的国际化和大众化是数据确权与数据资产管理的社会治理的关键条件和稳定策略

“数字文明使得全球大规模协作成为可能，网络空间人类命运共同体大门得以开启”[2]，且数智时代是公民个体个性自由的时代，是追求和张扬个性的时代，也是没有隐私的时代。每位公民的社会生活状态都被大数据记录，被大数据技术分析，任何不诚信、不共享的行为都难以藏身，更遑论长期维持，所以数智时代也被称为“开放、共享和诚信的新时代”。无论关系亲疏，在网络空间中所有人都是平等的网民主体，在大数据的监督下享受大数据带来的各种便利，并在不知不觉间建立覆盖全球的、去中心化和脱地域化的、具有开放性和共享性的网络空间人类命运共同体。因此，“建构网络空间命运共同体是把世界人民作为价值的出发点和落脚点，真正让世界人民以网络空间为载体，吸收和借鉴人类历史发展的精神财富和文化精华”[3]，而人文精神的国际化和大众化

❶ 韦韬，潘无穷，李婷婷，等．可信隐私计算：破解数据密态时代“技术困局”[J]. 信息通信技术与政策，2022（5）：15-24.

❷ 大数据战略重点实验室．块数据 4.0：人工智能时代的激活数据学 [M]. 北京：中信出版社，2018：322.

❸ 大数据战略重点实验室．块数据 4.0：人工智能时代的激活数据学 [M]. 北京：中信出版社，2018：326.

则是全球“网络空间命运共同体”得以团结凝聚的内核。虽然有人会质疑人文精神是个“软办法”，但是正如中国谚语有“软绳能套猛虎”，“软办法”有特殊的坚硬性、坚毅性及坚韧性的张力。人文精神分别从人性、理性、超越性三个层次阐释人道主义精神、科学精神和人的价值的意义和内涵，而人文精神的国际化和大众化则需要将人文精神更加深入地推广，实现人文精神的普及与提升。具体做法是要充分运用教育手段，以全人类为目标，通过教育的教化方式将人文精神的价值力量植根于人们的内心深处，从而达到“内化于心，外化于行”的目的，使人们追求这种人文价值观，自觉遵循数据人文精神，使数据的工具价值理性与目标价值理性完美契合，并世世代代、时时处处长久地坚持下去。习近平总书记曾说：“科技创新要取得突破，不仅需要基础设施等‘硬件’支撑，更需要制度、文化等‘软件’保障。”[1] 如果说数据密态技术攻关是技术性手段，能使社会治理中的数据确权与数据资产管理达到有序、效益和臻真、臻善、臻美的效果，那么人文精神的国际化和大众化是根本性手段，是社会治理的根本。与此同时，所谓国际化和大众化，就是强调数据确权与数据资产管理的社会治理之人文精神要面向全球，并让世界人民都能学懂弄通，进而认可与自觉遵循，因为这种治理方法需要更广泛的全民参与才能更加强劲和稳定。总之，如前文所述，数据确权与数据资产管理的社会治理之人文精神还包括数据产生遵循的自然之道，数据研发与应用应遵循的人与人、人与社会、人与自然的社会之道，让人文关怀和数据促进人的自由全面发展并树立正确的科技价值导向，或者说使科技和科技助力下的数据符合正确的价值观。

（三）加强对数据搜集人员、数据管理人员的职业道德教育和法律监管是社会治理效用发挥的基础和前提

在数据确权与数据资产管理中，往往是有数据搜集能力和数据管理权限的

---

[1] 中共中央文献研究室．习近平关于科技创新论述摘编 [M]. 北京：中央文献出版社，2016：35.

人员才能实现数据资源和数据资产的隐蔽性收益，所以除了对区块链技术的溯源技术追踪之外，还应开展职业道德教育和法律监管协同治理。正因如此，可以说，数据搜集人员和数据管理人员的职业道德就是保证数据安全的基石。加强职业道德教育及责任伦理意识培养的最终目的就是在一定程度上使各参与主体认识到目前科技行为所需要承担的未来后果，并以制度的形式建立一系列明确的公共道德规范，让人们知道什么是应当做的和什么是不应当做的，使人们有正确的道德价值定位和价值取向[1]，否则纯粹的技术追踪仅是以技术对抗技术，在掌握前沿技术的人员眼里，这种纯粹的技术治理手段如同"一面泥墙"，没有防御功能。与此同时，在数智时代，主体的意志自由正在因严密的监控和隐私泄露所导致的个性化预测而受到禁锢，个人只有在具有规则的社会中才能谈自主、自治和自由。[2]因此，职业道德教育和法律协同管治不仅会在数据搜集人员和数据管理人员心中筑起"一面钢墙"，而且数据搜集人员和数据管理人员会自觉维护与强化这面钢墙的建设。此外，从立法监管与技术创新、安全发展的辩证关系来看，在一定程度上完善立法、加强监管不一定会限制技术创新，相反可以为技术创新提供进一步发展的动力。技术创新与监管立法是一种螺旋式上升的助力关系，技术的风险问题需要通过立法等形式加以限制与规范，在此基础上，技术又会通过不断创新满足这些法律法规的要求，新的技术突破又会产生新的机会和风险，这就需要法律的再完善。[3]由此可见，加强数据搜集人员、数据管理人员的职业道德教育和法律监管也是社会治理效用发挥的基础和前提，应当加强数据搜集人员和数据管理人员等相关人员的职业道德教育、法律监管文件的出台与实施，进而推进并保障现代化数字强国建设。

---

[1] 张康之. 寻找公共行政的伦理视角 [M]. 北京：中国人民大学出版社，2012.

[2] 张峰. 大数据时代隐私保护的伦理困境及对策 [J]. 人民论坛 · 学术前沿，2019（15）：76-87.

[3] 张媛媛. 论数字社会的个人隐私数据保护——基于技术向善的价值导向 [J]. 中国特色社会主义研究，2022（1）：52-59.

（四）加强公民的数据产权意识、管理能力及数据驾驭能力是社会治理的必要措施和长久之计

在数据确权与数据资产管理中，有数据搜集能力和数据管理权限的人员之所以能隐蔽地获得经济利益，主要是因为普通公民截至目前没有树立数据产权意识，不具备数据资产管理能力和数据驾驭能力。因此，公民首先必然要有大数据思维，分别从知、情、意、志、行等各方面提升自身的大数据素养。“需要说明的是，大数据思维包含两个意思：一个是在思想上对大数据的认识和重视，这是一种思维态度；另一个是大数据思维范畴，这是一种思维方式”[1]，即“大数据思维是基于多源异构和跨域关联的海量数据分析产生的数据价值挖掘思维，进而引发人类对生产和生活方式乃至社会运行的重新审视”[2]。与此同时，公民的整体大数据素养的提升是一个系统工程，也需要多部门合力，覆盖全社会范围的相关人群，在政府发起的基础上进行整体培养顶层设计，各部门、企业、图书馆等要分层次做好大数据素养、能力与意识的提升工作，基层单位要做好宣传、伦理道德的建设工作，有关的商家要积极设计各类在线或实体产品，如传感器、移动设备、虚拟现实等，让普通人也了解到数据对自身的重要性，并主动学习和运用大数据使用规范，以形成统一的数据素养提升体系。[3]各级政府及其职能机构应该高度重视公民数据素养的培育和提升，并给予政策、资金、人才等方面的支持，在充分保证国家信息和数据安全、尊重公民个人隐私的前提下谨慎制定网络审查制度。此外，要特别强调和突出大数据素养是公民的一项基本权利，任何其他社会主体不得侵犯，使大数据素养成为个人、社会和经济发展的重要推力，提高公民等社会主体在大数据素养培育和提升中的作用和地位等。[4]总而言之，若能通过直接和间接的多种途径创新培

---

[1] 张弛．大数据思维范畴探究 [J]. 华中科技大学学报（社会科学版），2015，29（2）：120-125.

[2] 张维明，唐九阳．大数据思维 [J]. 指挥信息系统与技术，2015，6（2）：1-4.

[3] 金鹏．如何提升公民数据素养 [J]. 人民论坛，2018（31）：76-77.

[4] 付超．大数据背景下公民数据素养提升策略探析 [J]. 图书馆理论与实践，2018（8）：7-11.

育，让广大民众尽早树立大数据产权意识，掌握数据资产管理能力和数据驾驭能力，那么数据、数据确权、数据资产管理中的价值会惠及每位公民，不容易被数据搜集人员和数据管理人员侵权并隐蔽性获利。那时，不仅社会治理得到实质性提升，而且社会公民的整体素质和实践能力都将大大提升，人的自由全面发展也将获得高质量发展。但截至目前，可操作的成体系的公民综合大数据素养培育的欠缺是社会治理中的短板和障碍之一。由此可见，应尽快加大普及数据文化教育的广度和力度，帮助公民树立数据产权意识，提高数据资产管理能力和数据驾驭能力。

（五）数据确权与数据资产管理的强硬手段和权威措施

要使数据、数据确权与数据资产管理的有序、效益和促进人的自由全面发展的价值诉求得到保障，最有效的社会治理手段是国家加强对数据确权与数据资产管理的保护和秩序维持。就个体和普通社会组织来说，一方面，技术攻关实力不稳定；另一方面，面对数据的经济利益诱惑，其立场无法保证，加上数据的可复制性，所以在社会治理中国家必然是唯一的可选择主体和可信赖主体。我国有学者以美国、英国、澳大利亚等代表国家政府数据资产管理的相关战略、政策及实践举措为研究对象，对比分析政府数据资产管理的共性特征，并归纳总结数据资产管理的基本经验，为我国数据确权与数据资产管理的加强保护和维持秩序方面提供了一定的经验借鉴。宏观层面上，树立全面的数据资产观，推进数据资产管理的统筹布局，如将数据资产目标与任务纳入数据战略等方面，相应强化了政府宏观调控的导向作用；中观层面上，以政策内容强化数据资产的过程管理，如聚焦数据增值的生命周期，重心逐步从供给端政府数据资源采集、加工、共享、存储的管理迈向与需求端有机结合的数据资产价值预判、资产目录编制、资产供给交换、资产审计的关键环节管理；微观层面上，重在提升政府数据资产管理的专业性，高度重视数字技术创新对政府数据资产管理的支撑保障与价值叠加，并以制度化的沟通协调机制、公众参与机

制、合同管理机制来培育社会外部激励与政府内生驱动相结合的数据资产利益共同体，实现从“管好数据”向“用好数据”的转变等。[1]综上，虽然许多国家已在数据确权与数据资产管理的加强保护和维持秩序方面加强政府介入，但是总体来看各国政府数据资产交易运营规则、政府数据资产与企业数据资产共享交换等问题仍有进一步研究的空间。从国家层面看，数据权属界定不明也给数字治理和行业监管带来不便。数据确权是在政务数据、企业数据等领域构建数据采集标准化、数据开放共享、数据交易流通、数据安全保护等数据治理体系的前提。因此，尽快完成数据确权的相关立法，将大大提升国家对大数据的安全管控能力、强化国家对关键数据资源的保护，从而有利于推动我国数字经济的发展及数字中国建设。由此可见，虽然目前的研究已实现了对数据价值的识别、创造、监管等全过程、全领域规划，但具体实践中仍存在较大的组织短板、技术短板等障碍。因此，作为实施社会治理的安全可信主体，国家应该向全社会大力倡导并加快确定社会治理的国家主体在数据确权与数据资产管理的加强保护和维持秩序等方面的职能与职责、权利与义务、体制与机制、奖励与惩罚等。

（六）抢占数据溯源技术与数据价值估值技术融合应用的技术高地是享有社会治理权和国际话语权的关键

众所周知，当前世界各国之间的竞争更突出地体现在科技率先抢占制高点的竞争。截至目前，在全球数据确权与数据资产管理中，数据溯源技术与数据价值估值技术仍然是技术上的短板。一方面，以数据溯源技术为例，随着当前大数据和人工智能技术的蓬勃发展，数据固有或潜在的价值使之成为重要的资产。生活中，常见的数据一般都经过一系列处理，由于处理过程缺少一定的透明度，所以用户很难判断其来源和可靠性。由此，数据溯源技术便成为数据处

---

[1] 夏义堃，管茜．国外政府数据资产管理的主要做法与基本经验 [J]. 信息资源管理学报，2022（6）：18-30.

理的一种基本手段。然而当前传统的数据溯源系统一般采用中心化方式存储数据，易遭受内部、外部攻击，且存在单点故障等问题，这使数据的安全受到威胁。因此，随着区块链技术的发展，一种随着比特币系统发展起来的基于互联网的去中心化信任管理机制建立，其难以篡改、可溯源等特性为可信的数据溯源技术提供了新的解决途径，但基于区块链的数据溯源方面的研究进行调研发现，现有的应用方式大多是针对特定应用场景（如农业、物流行业、高新技术产业等）采用比特币区块链实现溯源，存在严重的资源浪费等问题。同时，有学者研究指出，区块链技术只能是溯源原数据和记录增加的数据信息，加之当前区块链技术的共识机制不完善、智能合约效率低等缺陷，针对区块链的监管技术与机制尚不完善，实现对区块链的可信管理仍然困难重重。[1]可见，如何基于区块链技术存储数据并实现可信的数据溯源仍是亟需解决的问题。另一方面，以我国数据价值估值技术为例，相对于国外的开放政府数据价值评估研究，虽然我国已进行了构建开放数林指数等的探索，但是仍然缺乏可靠的官方统计数据，这造成了价值评估工作开展的困难。因此，官方组织和研究机构，尤其是地方政府和数据开放平台应该在鼓励社会公众进一步开发数据价值、定期进行社会调查的基础上，进行权威的数据统计和披露，以便掌握工作进度和下一步努力方向，而非官方的开放数据平台应该进一步完善建设，同时增加数据统计和披露项目。[2]与此同时，目前我国仍面临数据产权界定争议、传统估值方法不完全适用、数据分类分级存在空白、数据资产流通缺少统一规范和隐私安全信任度问题等挑战。[3]数据溯源技术与数据价值估值技术仍是短板、障碍。此外，在中国知网中，以“数据溯源技术”与“数据价值估值技术”同时作为主题词或关键词的搜索结果为零，可见两种技术融合应用的相关研究也相

[1] 彭木根，蒋逸轩，曹傧，等．区块链赋能泛在可信物联网：架构、技术与挑战 [J]. 重庆邮电大学学报（自然科学版），2023（3）：391-404.

[2] 欧阳日辉，杜青青．公共开放数据的“数据赋智”估值模型及应用 [J]. 西安交通大学学报（社会科学版），2023，43（2）：80-94.

[3] 刘悦欣，夏杰长．数据资产价值创造、估值挑战与应对策略 [J]. 江西社会科学，2022，42（3）：76-86.

对欠缺。而我国数据溯源技术与数据价值估值技术融合应用的能力和水平仍是短板、障碍，亟须对其集中技术攻关并融合应用于社会治理，进而抢占技术高地，增加国际话语权。总之，若我国在数据确权与数据资产管理中率先抢占数据溯源技术与数据价值估值技术融合应用的技术高地，则必然推动社会治理高效和高质量的发展，还能为我国在国际治理和国际话语权上助力。

第三节　数据确权与数据资产管理的现实痛点

为更好地研究科学技术哲学视野下的数据确权与数据资产管理，除了清楚上述突出问题、制约障碍之外，我们还应该掌握其现实痛点，如融合发展、技术方法、工程组织、数聚智能等。融合发展的痛点主要表现为数据确权与数据资产管理与实际融合发展的契合点；技术方法痛点主要表现为技术攻关解决数据确权与数据资产管理的痛点；工程组织痛点主要表现为用什么样的工程组织架构使数据确权与数据资产管理确立起来，形成持续的可应用常态；数聚智能痛点是数据的聚集技术、数聚智能体的爆发性价值利用与数据驱动等。

一、数据确权与数据资产管理的融合发展痛点

数智时代，科学技术哲学视野下数据确权与数据资产管理的融合发展痛点实际上是如何找到数据确权与数据资产管理和实际融合发展的契合点，以及物联网技术如何让万物融合发展的问题。融合发展的关键是找到融合应用的契合点。一方面源于融合应用的难点问题的导向思考；另一方面源于数据确权与数据资产的价值导向。虽然这两个方面叠加在一定程度上能削减融合发展的难度，但是这样的思维和理路还需要进一步研究厘清，融合发展痛点方可能解决。笔者认为，如果说寻找痛点就是找准靶心的话，那么寻找可能的契合点就是找到可以射向靶心的弓、箭、人和射箭秘诀。这是难中之难，也是创新的关

键。当然，这正是"大数据＋实体融合发展"的商业秘密，也是人类文明进步及先进性的智慧，更是道德选择在方方面面与大数据融合发展实现精准、智能的难点。

（一）缘于融合应用的难点问题的导向思考

习近平总书记强调："理论思维的起点决定着理论创新的结果。理论创新只能从问题开始。从某种意义上说，理论创新的过程就是发现问题、筛选问题、研究问题、解决问题的过程。"[1]马克思也曾深刻指出："主要的困难不是答案，而是问题。"为了消解数据确权与数据资产管理的融合发展痛点，一般的方法就是结合融合应用难点的问题导向来思考与研究。正如创新理论所指出，以问题为导向，不断追问问题形成的"根原因"，在一定意义上是能降低成本而用最简便的办法解决问题的。基于创新原理与理论，我们用"五步追问法"，从"寻找问题""发现问题""分析问题""公开问题""解决问题"出发，围绕"达成目标""聚焦问题""思考探索""解决问题""完成目标"这一思路，对数据确权与数据资产管理中的融合应用契合点问题进行多次追问，是能在某种程度上形成解决问题的较好方案，即找到数据确权与数据资产管理的融合应用契合点。只有具有问题意识，对问题、矛盾、方向的认识达到比较深刻的程度，才能真正了解问题的症结，从而找到解决问题的办法。

（二）源于数据确权与数据资产的价值导向

为了消解数据确权与数据资产管理的融合发展痛点，除了用问题导向法的五步追问法之外，我们还应当以数据确权与数据资产的价值导向来确认融合应用契合点。因为在价值目标锁定与客观事实锁定两个锁定之间寻求一个函数的契合点值与事实是大数据等多学科都可能求解的办法，即只要在两个锁定之间

---

[1] 习近平．在哲学社会科学工作座谈会上的讲话 [N]. 人民日报，2016-05-19（2）.

找到一种因果关系逻辑或函数就可以。由此可见，消解数据确权与数据资产管理的融合发展痛点，与数据确权、数据资产管理与社会应用之间有“价值目标锁定—客观事实锁定”的逻辑关系、因果关系，只要对此加以解析，就可能找到融合应用契合点，即消解数据确权与数据资产管理的融合发展痛点，只有从“价值目标锁定—客观事实锁定”的逻辑关系、因果关系中才能找到契合值与点。诚然，如前文所述，一方面，数据资产具有鲜明且有别于其他有形和无形资产的特性，其价值受到各类风险、数据质量、数据发展阶段、数据应用场景等多种因素的影响，而在现阶段尚未完全厘清数据权属、明确数据资产化的条件和前提、形成大规模规范化数据资产的市场配置的情况下，很难快速形成一套完善且成熟、配套的方法论体系。另一方面，综合国内、国外的研究现状，界定权利属性及假设前提、厘清评估对象及其他评估要素、研究不同方法论的相互联系及进一步落实数字资产评估中非量化指标的量化可能等，正是目前的研究方向及重点。由此可见，综合上述一系列问题链可以价值导向进行深入的穷尽追问，消解数据确权与数据资产管理的融合发展痛点便可能有方法可循。

二、数据确权与数据资产管理的技术方法痛点

数智时代，科学技术哲学视野下数据确权与数据资产管理的技术方法痛点实际上是以什么样的技术集和技术方法论来解决物联网、解决物联网下的数据确权、解决数据资产管理的科技支撑，以及解决数据、确权数据、资产化数据在融合发展中的技术等问题。

（一）物联网的技术方法痛点

数智时代，物联网信息技术是以传感器技术、通信技术和电子控制技术为基础，利用网络实现物品之间数字信息的联系。其优势在于具有空间与时间上的灵便性，以及数字资源的高度集中性，可以摆脱时间、空间的制约，实现资

源的联通。而作为现代信息技术的重要一环，物联网技术能够将信息化场所中的事、物进行联网组合，并进行拟人化分析，进而使电子监控装置具有一定范围的数据分析与处理功能，达到信息交流和服务的自动化[1]，即物联网可以利用网络技术与建立联系的物品之间实现信息互动。从这一角度考虑，物联网不再局限于互联网领域，而是一个建立在互联网平台上的发展性必然产物。在物联网技术的加持下，我国经济物联网的技术主要是让世上的万事万物都能联动发展、融合发展、信息共享相通。因此，根据人工智能、大数据技术的要求，自然界的人、事、物就需要有一个与众不同的标签与用于身份识别的独特信息，否则人与自然界的万事万物是难以有一个独特身份被识别的。然而现实世界中，物质的识别技术在一定程度上来看是发展很好的，甚至一张照片能在无数的世界照片中被识别到有血缘照片，即使语音识别也能在多种语言中被顺畅切换和高效翻译。但是，这些局部识别技术的进步不意味着人类世界看得见与看不见的人、事、物都能被识别。这不仅是现代识别技术的痛点、短板问题，而且是整个人类世界发展的核心瓶颈问题。面对这样的难题，结合物联网技术的万事万物识别技术，应当将其分为两类问题进行解决。一是对已有万事万物进行“二维码”的设置贴签，以物理性质、化学性质、地理信息等综合加以区别和识别；二是对未来产品和人、事、物以出产时的二维码进行物理、化学、地理、时空等综合信息的区别和识别。此外，传统物联网中的网络安全性、数据可靠性及用户隐私性等可信性风险已成为制约其规模化发展的关键难题和现实痛点。由此可见，物联网技术在现实中全面无死角的对万事万物的区别性识别技术是不成熟的，是有待提升的。

（二）可信密态计算的技术方法痛点

截至目前，虽然密态计算技术是确保数据确权与数据资产管理较为先进

[1] 袁纳新 . 智能物联网技术及应用发展趋势研究 [J]. 现代雷达，2023（1）：98-100.

的保障性技术，但是包括区块链技术的密态计算技术仍然是有短板的，如区块链技术只能是加密记录的可溯源数据和分布储存而增强数据信息去中心化的数据，加上当前区块链技术中共识机制不完善、智能合约效率低等缺陷，针对区块链的监管技术与机制尚不完善，实现对区块链的可信管理仍然困难重重❶，密态计算技术也必然存在技术进步的更多难点。鉴于此，有学者指出：数据确权与数据资产管理未来相关研究重点应结合物联网环境相关特点，形成适用于泛在可信物联网的区块链架构，优化泛在可信物联网的关键性能❷；还有学者“通过分析密态时代所需关键技术的现状，发现它们都有本质上难以克服的缺点。基于此，提出了一种新的隐私计算思路：可信隐私计算，它通过融合密码技术、可信计算技术等获得了更强大和更均衡的综合性质，并对其中的两项典型技术——受控匿名化和可信密态计算进行了介绍”❸。特别是在区块链技术方面，作为一种创新技术，区块链在很多具体领域尚无特别有效的应用场景和成功经验，甚至在一些领域与现有系统的管理技术、手段和制度存在矛盾。由此可见，数据确权与数据资产管理的技术方法仍然是制约发展的痛点。因此，在更新、升级、完善现有技术的基础上，亟须探寻研发一种在原有数据上既促进数据流通又确保数据安全的权威技术。

（三）数据、确权数据、资产化数据融合发展的技术方法痛点

数据、确权数据、资产化数据三者融合发展的技术方法是痛点。一方面，是数据、确权数据、资产化数据融合发展的技术方法的保障及未知痛点（前文均已论述，不再赘述）。虽然当前人工智能、大数据技术可以在一定程度上实

---

❶ 彭木根，蒋逸轩，曹傧，等．区块链赋能泛在可信物联网：架构、技术与挑战 [J]. 重庆邮电大学学报（自然科学版），2023（3）：391-404.

❷ 彭木根，蒋逸轩，曹傧，等．区块链赋能泛在可信物联网：架构、技术与挑战 [J]. 重庆邮电大学学报（自然科学版），2023（3）：391-404.

❸ 韦韬，潘无穷，李婷婷，等．可信隐私计算：破解数据密态时代“技术困局”[J]. 信息通信技术与政策，2022（5）：15-24.

现数据的汇集与算法训练成模型，甚至形成数据智能体而呈现爆发性价值，但是目前各种深度学习的模型也是有差异的。另一方面，数据、确权数据、资产化数据融合发展的目的、价值导向不明确，甚至其融合发展的契合点也难以找到。

综上所述，诸多难点和痛点都逐渐成为阻碍科学技术哲学视野下数据确权与数据资产管理的技术方法形成和发展的关键。

三、数据确权与数据资产管理的工程组织痛点

除上述融合发展和技术方法痛点之外，工程组织痛点同样是制约科学技术哲学视野下数据确权与数据资产管理的重要因素。如果前文所述痛点涉及的是系统问题与科技问题，那么此处所要论述的工程组织痛点是组织构建问题，实质是如何用一种组织架构让若干技术形成系统组织，并且既能保证系统组织中分工明确又能达到有机统一。正如李伯聪所指出的“工程活动是分工而又合作的集体性活动”[1]，即“分工合作的重要性可以从两个方面进行分析。从‘正面’看问题，参加工程活动的诸多个人必须有一定的分工，同时他们之间又必然要进行一定的协调和合作，这样才可能进行一定的工程活动，换言之，分工和合作是从事工程活动的必需前提和基础；从‘另一面’看问题，如果缺少必要的分工和相应的合作，就不可能有工程活动”[2]。鉴于此，科学技术哲学视野下数据确权与数据资产管理的工程组织痛点可以被归纳为三个方面的具体痛点。一是分工；二是集成；三是系统机制。在数据确权与数据资产管理的工程组织中，分工是基础，集成是核心，系统机制是关键，三者缺一不可。

❶ 李伯聪．工程的三个“层次”：微观、中观和宏观 [J]. 自然辩证法通讯，2011，33（3）：25-31，126.

❷ 李伯聪．工程的三个“层次”：微观、中观和宏观 [J]. 自然辩证法通讯，2011，33（3）：25-31，126.

（一）分工是数据确权与数据资产管理的工程组织中的基础痛点

人类“历史生动地告诉我们：分工演化史乃是整个工程演化史中最重要的内容之一”❶。马克思在《资本论》中通过举例深刻地阐释分工的重要性和如何高效进行分工，“钟表从纽伦堡手工业者的个人制品，变成了无数局部工人的社会产品。这些局部工人是：毛坯工、发条工、字盘工、游丝工、钻石工、棘轮掣子工、指针工、表壳工、螺丝工、镀金工，此外还有许多小类，例如制轮工（又分黄铜轮工和钢轮工）、齬轮工……”❷（共罗列了26个小类的工种）。由此可见，科学技术哲学视野下基于物联网技术的数据确权与数据资产管理的工程组织的分工痛点是如何分工、具体有哪些分工。对于数据确权与数据资产管理，其分工可能至少包含法律的分工、技术的分工和社会治理的分工等。法律上的分工，可能就是民法和物权法的相关规定和确认产权，既分工又有机联合与联通互认。技术上的分工，一是对原数据进行保护和价值评估，并在原数据中以区块链保护起来，方便以后对数据资产的价值认识与认同；二是对与原数据发生数据增量后的数据的安全保护与价值评估。社会治理上的分工，一方面是数据溯源与安全保护；另一方面是数据资源与数据资产的引领管理、使用监督、支配监测等分工。综上所述，数据确权与数据资产管理的分工就是要“在分工的条件下，诸多个体由于‘分工’的结果和‘岗位’的不同而成为‘共同体’中的不同‘成员’（member）、不同‘角色’（role）”❸。

（二）集成是数据确权与数据资产管理的工程组织中的核心痛点

“从技术观点出发来看工程，会认识到工程是技术的集成体，技术知识、技术方法、技术手段、技术设备是工程活动的必不可少的前提和基础。相关的

---

❶ 李伯聪．工程的三个“层次”：微观、中观和宏观[J]. 自然辩证法通讯，2011，33（3）：25-31，126.

❷ 马克思．资本论：第1卷[M]. 北京：人民出版社，1972：380.

❸ 李伯聪．工程的三个“层次”：微观、中观和宏观[J]. 自然辩证法通讯，2011，33（3）：25-31，126.

而且不同性质、不同功能的技术群，在结合资本等要素后，通过工程系统集成在一起而转化为具体的、现实生产力。一个单项技术不能构成工程，工程也不可能只用一种技术构成。技术是工程的构成要素，技术必须动态地、有序地嵌入工程系统（包括工程设计过程、建造过程、生产制造过程、运输传送过程、信息传递过程、维修过程、故障诊断治疗过程等）才能发挥各项技术的功能和效率。”❶由此可见，科学技术哲学视野下基于物联网技术的数据确权与数据资产管理的工程组织核心痛点是集成技术，是如何组织架构的问题。“一方面，技术是工程的基础；另一方面，工程设计、工程活动中又必然要根据‘工程的需要’，在不同的技术路线、技术设备等之间进行必要的选择和建构。简而言之，工程还要选择技术和建构技术。”❷如前文所述，数据资产价值受到各类风险、数据质量、数据发展阶段、数据应用场景等多种因素的影响，而在现阶段尚未完全厘清数据权属、明确数据资产化的条件和前提、形成大规模规范化数据资产的市场配置的情况下，很难快速形成一套完善且成熟、配套的方法论体系。因此，界定数据权利属性及假设前提、厘清评估对象及其他评估要素、研究不同方法论的相互联系及进一步落实数字资产评估中非量化指标的量化可能等技术的集成，需要一段长时间的实践与创新突破。鉴于此，科学技术哲学视野下数据确权与数据资产管理的工程组织中的核心痛点仍然是各种技术优化作用的集成法。

（三）系统机制是数据确权与数据资产管理的工程组织中的关键痛点

系统机制正如钱学森在研究中所指出的“系统科学以系统为研究对象，而系统在自然界和人类社会中是普遍存在的，如太阳系是一个系统，人体是一个系统，一个家庭是一个系统，一个工厂企业是一个系统，一个国家也是一个系

❶ 殷瑞钰，李伯聪．关于工程本体论的认识 [J]. 自然辩证法研究，2013，29（7）：43-48.

❷ 殷瑞钰，李伯聪．关于工程本体论的认识 [J]. 自然辩证法研究，2013，29（7）：43-48.

统，等等。客观世界存在着各种各样的具体系统”[1]。科学技术哲学视野下的数据确权与数据资产管理同样是一个系统工程，甚至可细分为若干系统工程。这些系统子工程围绕一个既定的价值目标共同分工协作运行，不仅保证科学技术哲学视野下数据确权与数据资产管理的稳定状态，而且保证其价值目标的达成。由此可见，科学技术哲学视野下数据确权与数据资产管理中一系列系统机制的缺失和不完善的原因主要是数据确权与数据资产管理相关方法论、技术的不完善或者缺失，从而导致优化的集成技术群或系统工程的作用无法高效发挥，而这也是系统工程在实现过程中的关键痛点。要消解这样的痛点，就要建立基于物联网技术的数据确权与数据资产管理的系统机制。

1. 树立系统思维

系统思维是指主体根据事物系统的存在方式，坚持和运用系统观念，对现实世界能动的、间接的、系统的反映过程。[2]党的二十大报告不仅强调深刻运用系统思维，而且相继提出“系统集成”“系统完善”“系统治理”“系统保护”“系统性变革”等相关概念，并将“坚持系统观念”作为习近平新时代中国特色社会主义思想的世界观和方法论的核心要义之一，强调要不断增强“系统思维”[3]。可见，系统思维不仅已被运用于新时代各项重大工程的组织及实施，而且已渗透到国家发展、社会治理、科学技术发展等方方面面，成为推进中国式现代化发展不可或缺的重要思维方式。无论是哲学社会科学还是自然学科的实践和历史已经证明，“现在能用的、唯一能有效处理开放的复杂巨系统（包括社会系统）的方法，就是定性定量相结合的综合集成方法，这个方法是在以

---

[1] 钱学森，于景元，戴汝为．一个科学新领域——开放的复杂巨系统及其方法论 [J]. 自然杂志，1990（1）：3-10，64.

[2] 杜仕菊，石浩．新时代系统思维的生成逻辑、核心要素与实践路径 [J]. 思想理论教育，2023（2）：40-47.

[3] 习近平．高举中国特色社会主义伟大旗帜　为全面建设社会主义现代化国家而团结奋斗 [N]. 人民日报，2022-10-26（1）.

下三个复杂巨系统研究实践的基础上提炼、概括和抽象出来的"[1]，"综上所述，定性定量相结合的综合集成方法，就其实质而言，是将专家群体（各种有关的专家）、数据和各种信息与计算机技术有机结合起来，把各种学科的科学理论和人的经验知识结合起来。这三者本身也构成了一个系统。这个方法的成功应用，就在于发挥这个系统的整体优势和综合优势"[2]。由此可见，树立系统思维能够决定系统机制的构建出路。若这样的思维缺失，则系统机制的构建至少会不紧凑，不仅容易浪费资源，而且会影响效率，进而影响应用效益。

2. 建立系统机制

虽然大数据研究的重点主要是数据本身，而系统科学是从宏观的角度、系统的思维进行研究，但是二者的结合能够产生"1+1>2"的作用，因为从系统机制的角度探讨科学技术哲学视野下数据确权与数据资产管理问题本身就具有整体、整合意识，这种意识指导着系统机制下专家、数据、信息的全方位融合，发挥系统的整体优势，并有力地保障这一系统机制能够在秩序、效益和臻真、臻善、臻美的"个人全面发展"目标下良好运行。当然，具体的系统机制因具体内容的不同可能会存在一定的差异，但是在一定意义上系统机制的建立也是使一些具有相通性的共性和规律运行的重要因素。从达成目的来看，科学技术哲学视野下数据确权与数据资产管理的系统机制至少包括物联系统、数据聚合系统、数据流通系统、数据储存与安全保护系统、数据加工系统、数据保护与价值估算系统、数据溯源与责任追踪系统、数据资产认定与估值系统等。从组织机制来看，应存在先有数据确权系统→再有数据搜集系统→再有数据储存及加工系统→最后是数据驱动系统等流变过程，并且在这一顺序发展过程中还可能有数据安全保护系统、数据价值估算系统

---

[1] 钱学森，于景元，戴汝为. 一个科学新领域——开放的复杂巨系统及其方法论 [J]. 自然杂志，1990（1）：3-10，64.

[2] 钱学森. 一个科学新领域——开放的复杂巨系统及其方法论 [J]. 上海理工大学学报，2011（6）：526-532.

的介入，以保证步骤实施的完整性。由此可见，这些复杂的子系统应该如何组织构建、如何相互制约与联动、如何集成分布，都需要建立、运用系统进行宏观统筹。此外，还需关注时间、秩序、流程等系统机制的核心内容，通过深入的研究，精心推论出流程图、分布图、监督图等，以便对系统机制进行策划、论证，把控运营整体的构建。

四、数据确权与数据资产管理的数聚智能痛点

数聚是数据孤岛融通后的数据汇合。数聚智能是海量数据汇合后在一定算法下使“信源⟷信道⟷信宿”在“数据⟷信息⟷知识”的智能科学运行原理下形成数据智能体，并使数据具有智力和驱动力的一种方式。从全过程来看，数聚智能的实现至少包括三个环节：一是实现数聚；二是实现数据融通；三是实现数聚智能。这三个环节共同组成并促成了数聚智能的完成和实现。同时，作为数据数聚智能组成中最重要的三个部分，它们也分别体现数聚智能应用中最为突出的三个痛点。认识、梳理、厘清这些痛点将能够有利于更好地实现数聚智能构建。

（一）数据确权与数据资产管理要解决数聚的痛点

在广泛融合应用人工智能、大数据的数智时代，人类面对如此浩瀚、分散、碎片化的点数据、条数据和其他更复杂的数据汇聚，需要在遵循“集聚是必须，不集聚是例外”的原则下，通过从严把控互联网主入口，建立块上数据汇聚、安全管控、共享、开放与服务的城市块数据公共服务平台，将点数据和条数据汇聚到平台，从而实现块数据的汇聚管理。块数据“就是一个物理空间或者行政区域内形成的涉及人、事、物的各类数据的总和。具体来讲，可以从三个层次理解：在前端，围绕人、事、物的各类活动产生数据；在中端，通过数据的开放和共享，聚集数据；在末端，以解构、交叉、融合等多种方式，依

靠数据抓取、比对、封装等多种科技手段分析数据，寻找更高更多的实践价值”[1]，即“块数据的平台化、关联度、聚合力，决定了块数据可以挖掘出数据更高、更多的价值，推动计算、应用和数据资源从‘条’到‘块’的多维融合和集聚”[2]。总之，块数据作为大数据的高级形态，在克服传统“条数据”指向性集聚所带来的数据孤岛、应用价值低、安全风险等问题的前提下，能够使具有高度关联性的各类数据在特定平台上持续聚合，从而为“数聚”提供一条具有可操作性的实践路径。

（二）数据确权与数据资产管理要解决数据融通的痛点

在广泛融合应用人工智能、大数据的数智时代，人类还必须面对数据融通的痛点。数据融通是各项数据要素参与社会生产经营活动并带来价值，构成数据之间的相互融通，包括数据要素供给、流通和应用的全过程。可以说，数据要素的高效融通是释放数据价值、促进数字经济发展的关键。而与单纯在物理层面集聚的数据汇聚不同，“数据融通则强调通过数据聚合，突破块数据的认知与时空边界，让数据流动起来、活跃起来、使用起来，解决数据汇聚后的价值生成和价值效应问题。要实现数据融通，首先就必须要‘建立数据共享开放标准和机制，解决数据共享开放的体制和技术难题’”[3]。而要重点解决数据的安全保障问题，也必须坚持大数据思维中的“屏蔽原则”。与此同时，国际数据公司（IDC）发布的2023年全球数据规模显示，中国数据量规模将从2022年的23.88ZB增长至2027年的76.6ZB，复合年均增长率（CAGR）达到26.3%，为全球第一。对于日益增长的庞大数据量，中国逐渐成为数据量最大、数据类型最丰富的国家之一。鉴于此，基于数据共享开放并与政企数据融通，形成全量、准确、实时的全社会数据湖，越来越成为数智时代高质量发展的重要基

---

❶ 陈刚．块数据的理论创新与实践探索[J]．中国科技论坛，2015（4）：46-50.

❷ 大数据战略重点实验室．中国数谷[M]．北京：机械工业出版社，2018：143.

❸ 念好政府数据“聚、通、用”三字经[J]．领导决策信息，2017（4）：21.

础。[1]可见，要实现中国从“数据大国”向现代化“数据强国”转变，就必须解决数据融通过程中发展不平衡、不充分问题，尤其是要尽快破解数据要素融通过程中所面临的一些发展环境与体制障碍，着力消除数据孤岛现象，保证各项数据要素的有效供给和融通，逐步消解数据融通的痛点。有学者研究指出，中国可以在加快完善数据要素融通的顶层设计、明确数据资源统一管理职责、建立促进数据融通的统筹机制、健全数据要素市场流通机制等[2]方面攻坚克难，并逐步纾解当前数据融通的痛点。笔者认为，在数据相融过程中必须解决难点问题，数据聚集、融合保证数据处理、转化、集成等环节的进行，在数据安全越来越受到重视的今天，能够极好地处理数据之间的关系，保证数据安全，通过科学的技术手段和方法在数据聚集、存储、处理、保护的过程中安全地获得有用的数据信息，并最优化地实现其价值。

（三）数据确权与数据资产管理要解决数聚智能的痛点

在观照数聚智能痛点的视野下，数据确权与数据资产管理必须先厘清数聚智能的概念、意义和方法，即必须弄清以下两个主要问题：一是数聚智能与自动化的本质区别及其特殊性能；二是智能的标志和标准指向。为能准确回答这两个问题，我们先来看看智能科学研究的卓越人物是如何研究、论证、回答的。正如“图灵测试是这样的，将一个人安置在一台计算机终端前，让他通过书面问答与几个未知的对象交互。如果在一段合理的时间内，提问者无法判断自己正在与计算机还是人类交流，那么这台机器就可以被认为是‘智能的’”[3]。由此可知，智能至少可以包括体认、感知、互动和实践的能力。笔者认为，智

[1] 杨帆．新发展阶段一体化数据聚通用体系助推数字经济高质量发展 [J]. 重庆行政，2020（6）：10-12.

[2] 梁宝俊．构建“1+5”数据要素融通体系　促进数字经济发展 [J]. 中国党政干部论坛，2022（6）：63-66.

[3] 约翰·马尔科夫．与机器人共舞：人工智能时代的大未来 [M]. 郭雪，译．杭州：浙江人民出版社，2015：14.

能防疫的形成标志，一方面是实现了防疫对象之间海量信息数据的聚、通、用，且形成了“数据⟷信息⟷知识”闭环运行的防疫数据智能体。因为在激活数据学看来，只有海量防疫数据实现了聚、通、用，才能让防疫数据在信息传递过程中形成“感受力”和“接受力”，形成数据模型，发挥数据预测、分析、画像及爆发性功能价值，最终实现智能防疫的目的。另一方面，“‘智能’这个概念暗含着个体、有限对整体、对无限的关系……真正的智能不仅仅是适应性，更重要的是不适应性，进而创造出一种新的可能性。智能很可能不是简单地顺应、适应，更重要的是不顺应、不适应，进而创造出一系列新的可能性：自由、同化、丰富、改变、独立”❶，即实现“数据⟷信息⟷知识⟷智慧”的跨越和发展。基于此，所谓数据智能，主要是指数据驱动的分析和相关应用，是针对某一应用场景从数据中分析挖掘提取对管理有用的信息，并用于服务和支持管理。❷那么，“如何收集、分析、挖掘和处理数据生产、数据智能以及如何使用数据智能皆是数据智能的主要内容”❸。与此同时，从工程组织学意义上说，数据智能虽然是方法和技术的集合，“但其应用导向特征才是其区别于数据科学、人工智能等热点概念的关键特征，它必将推动众多领域从不同层次的数字化逐渐走向智能化——这一过程从目前来看仍将持续很长的时间，并在智能化进程中发展出新的技术与方法”❹。同时，有学者研究指出，虽然数据智能可以成为价值创造的主要动力并推动应用创新和发展，“但在一些对用户决策高度敏感的应用领域，如金融、医疗、军事等，‘+智能’是一个更为合理的策略，有效、可信、可控的智能技术才会被引入特定情境，辅助用户做出重要的决策选择，如投资决策、诊疗决策与军事行动决策等。因

❶ 刘伟.人机融合智能的再思考 [J]. 人工智能，2019（4）：112-120.

❷ 王秉.何为数据智能：定义与内涵 [J]. 现代情报，2023（4）：11-16，76.

❸ ZHANG L J. Editorial：Data intelligence in services computing [J]. IEEE Transactions on Services Computing，2010，3（4）：264-265.

❹ 吴俊杰，刘冠男，王静远，等.数据智能：趋势与挑战 [J]. 系统工程理论与实践，2020（8）：2116-2149.

此，数据智能如何与这些领域的知识更好地融合，如何提高其在这些领域应用时的鲁棒性和可解释性，是否应该从业务绩效而非预测精度的角度来评价应用效果，能否更好地借助业务人员经验以实现人机混合智能等，都是值得深入研究的重要问题”[1]。由此可见，毋庸置疑的是随着大数据和人工智能技术的发展，可以实现其与传统的金融、医疗等行业的相互融合，进而带动数据智能实现技术创新，但如何在各类应用场景的共同需求的牵引下实现“+智能”的相互融合成为数据智能亟待突破的关键挑战。总之，通过论述，我们可以得到十分清晰的结论：截至目前，由于与数据确权与数据资产管理相关的系统集成技术、方法、机制等工程组织的不完善，所以科学技术哲学视野下的数据确权与数据资产管理在数据智能建设方面仍然存在痛点，需要在兼顾各行业应用的特殊性基础上借助人工智能、大数据技术进行深度融合应用发展。

[1] 吴俊杰，刘冠男，王静远，等．数据智能：趋势与挑战 [J]. 系统工程理论与实践，2020（8）：2116-2149.

第三章　科学技术哲学视野下数据确权与数据资产管理的构建理路

通过第二章对科学技术哲学视野下数据确权与数据资产管理的主要短板、发展障碍及实现实践融合应用的痛点进行全面、深入的剖析研究，不难发现：科学技术哲学视野下实现数据确权与数据资产管理有“价值与发展的有机统一、方法与技术的有机统一、技术与工程的有机统一、数聚与智能的有机统一”四个维度的构建理路。价值与发展的有机统一维度，旨在探索解决数据确权与数据资产管理的价值目标、价值导向、价值旨归方面的科学发展、可持续发展等突出问题；方法与技术的有机统一维度，旨在从数据确权与数据资产管理的突出问题、短板与实现融合痛点的客观实际出发，探索具体的和可实践的“一对一、一对多和多对一”的方法论、技术集，以及能解决方法论与技术集有机融合的组织架构构想等构建理路和方案问题；技术与工程的有机统一维度，旨在探索解决数据确权与数据资产管理的突出问题、短板与实现融合痛点的方法论、技术集、知识集如何综合组织架构，如何形成全面的综合治理体系的可实践问题；数聚与智能的有机统一维度，旨在从人工智能技术的视角以“数据⟷信息⟷知识”的实践范式探索提质数据确权与数据资产管理的数据产业化、智能化等升级发展。总之，科学技术哲学视野下数据确权与数据资产管理的构建理路是由数据确权与数据资产管理的突出短板、发展障碍及实现实践融合应用痛点等问题导向的。

第一节　价值与发展的有机统一维度

价值与发展的有机统一维度是科学技术哲学视野下数据确权与数据资产管理实现高质量实践应用的关键渠道和经验法宝。因为只有坚持从价值与发展的有机统一维度来探索并厘清科学技术哲学视野下数据确权与数据资产管理的价值目标、价值导向、价值旨归及科学发展、可持续发展等一系列问题和辩证关系，才能从根本上解决数据确权与数据资产管理的始终服务于人和为了人的存在宗旨、应用使命及高质量发展等一系列问题。科技要促进社会的全面和谐发展，首先就是现代科技价值旨归的理性回归，其次才是同一性维持着科技服务社会、促进社会向更加和谐的方向发展。由此可见，这是从基础、根本上论证数据确权与数据资产管理的价值导向、价值保障、价值准绳等功能，是发展的关键性问题、根本问题、基础问题和立场问题，偏颇不得、失衡不得，更是从时空上论证数据确权与数据资产管理的时空变化与短期、中期、长期发展规划。数据确权与数据资产管理的价值目标与持续发展是辩证统一的，是质与量的辩证两面，不得分离。要解决数据确权与数据资产管理的实践问题，必须解决其价值之质与发展之量的有机统一问题，其核心是要树立人类及其操纵的科学技术哲学之数据确权与数据资产管理的核心价值观。当然，对科技来说，这是确立核心价值目标的问题。可见，这样的“人与科技共同的核心价值论”是保证数据确权与数据资产管理高质量实践应用发展的关键和法宝，是要长期坚持和传承的“人与科技的关系”的时代法宝、实践经验、价值保证。

一、树立人与科技共同遵循的核心价值观

一般来说，价值观是指人的价值标准、价值导向、价值情感，解决个体人“为什么这样做、如何这样做的问题”，深刻地涵盖了人们对善恶、是非、美丑、对错的价值尺度、价值判断、价值选择及价值实践。对“科技”赋予这样的价值观，是一种形象的比喻，是人类社会的共识性产物而规定的科技价值导向。特别是在新时代，人与科技的关系已然到了形影不离的地步，甚至可以说现代科技支撑下的数据与人的密切联系已经不仅是传统社会的“关联”关系、表现形式，而是将人类的思想、行为与感情一同以数据化呈现出一种“网络人”，甚至网络人类社会，既能呈现人类本身的思想、行为和情感，又能将人的优点、缺点、前世今生等都通过信息化联动而爆发性呈现、预测。这就引发了人类不得不对网络人或网络人类社会的自己与身边网络人或网络人类社会的支撑现代科技工具进行思考，并赋予所有人一样的价值观，否则由现代科技支撑的网络人或网络人类社会在科技的双重性上难以确保保持向上、向善的本质特性。从一定意义上说，这种网络人或网络人类社会的价值观或科技价值观必然赋予“权”与“智”及其边界，是科技在价值旨归上从严构建“法理”的价值底线的导向和保障，是道德伦理意义上的价值尺度和真理尺度的引领和规范，是马克思人类学哲学意义上的人类智慧和价值立场的牵引与共治。正因如此，中国科学技术协会在2014年发布《科技工作者践行社会主义核心价值观倡议书》。[1]《自然辩证法研究》上发表的《试论科技工作者核心价值观》一文指出：“科技工作者核心价值观能够增强科技工作者价值观的免疫力，能够转化为推动科技发展的现实力量，是社会主义核心价值观的有益补充。科技工作者核心价值观应该由求真向善、崇实尚理、存疑趋新、协作自强构成，其中求真又起着统领作用。科技工作者核心价值

[1] 中国科学技术协会．中国科协发布《科技工作者践行社会主义核心价值观倡议书》[J]. 科技导报，2014（33）：50.

观可以在科技实践中培育、在对科技成果的反思中培育，也可以在科学精神的熏陶中培育。”❶

（一）底线维度：建立数据确权与数据资产管理的底线准则与禁令

习近平总书记指出，要“深刻认识和准确把握外部环境的深刻变化和我国改革发展稳定面临的新情况新问题新挑战，坚持底线思维，增强忧患意识，提高防控能力，着力防范化解重大风险”❷。由此可见，建立数据确权与数据资产管理的底线准则与禁令就是要研究、论证并设置数据确权与数据资产管理的红线，即不可突破的红线。马斯洛需求层次理论视野下“人与科技价值观”的结构如图 3-1 所示。要通过底线、红线和禁令使科学技术哲学视野下数据确权与数据资产管理实现在 L 线以上尽可能追求价值最大化，而不能向下突破、越过红线，否则被视为“害人类”，即 L 线和 L 线以下区域均为禁区，是对人类自身有害的价值区间。最低价值原则是用来维持人们日常活动秩序所必须具备的共同遵守的最起码、最简单、最基础的价值原则。任何向下的举动都无法保持其选择行为性质或道德性质范畴。最低价值原则是数据确权与数据资产管理的警戒线，应在人类社会中被提高知晓率和践行度。

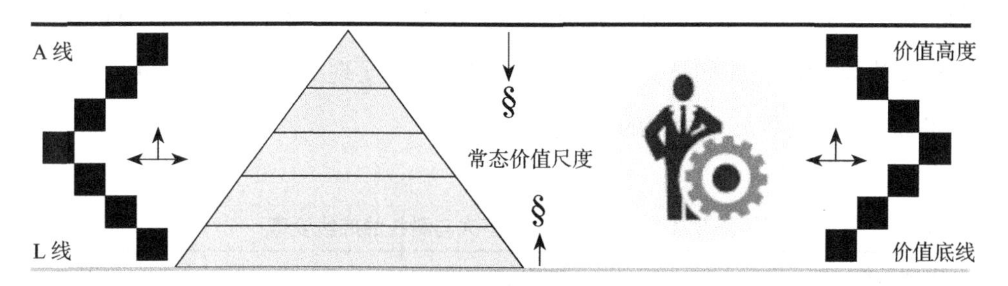

图 3–1　马斯洛需求层次理论视野下“人与科技价值观”的结构示意

❶ 高奇，牟杰 . 试论科技工作者核心价值观 [J]. 自然辩证法研究，2015（10）：62-67.

❷ 习近平 . 提高防控能力着力防范化解重大风险　保持经济持续健康发展社会大局稳定 [N]. 人民日报，2019-01-22（1）.

1. 促成全人类科技价值底线共识：共建反人类、屠杀人类和突破人类生存环境生态的科技价值红线和禁令

毋庸置疑，人类社会中最大、最恶的科技价值红线应是屠杀人类自身。这不仅是人类在自身发展的历史中觉醒而形成的自觉共识，而且是一个难以掌控的历史难题。在万物互联互通的新时代，科学技术哲学视野下的数据确权与数据资产管理首先需要对数据实现聚集，然后才能实现数据融合应用，包括数据资产管理的实践应用。然而目前无序性和无约束性的数据搜集和聚集是常态，是数据产生主体与数据搜集主体之间科技实力的非均衡性导致的乱象常态。这反映出来的不仅是隐私暴露的风险问题，而且是实现数据加工分析后对个体或群体的利益如何定位的问题，进而是对个体或群体追求谋财害命的利益是否进行保护与打击的问题。截至目前，社会中讨论的密态数据只能是一般应用中的价值调控技术，不能实现较好地为一个国家的数据应用行为向上、向善导向提供保障，"因此，科技伦理应当鲜明地主张：人的生命健康价值高于学术价值，科学研究中的人本精神应当高于追求真理的科学精神，科学实验中受试者的生命健康利益应始终优先于发展科学的利益及其他利益（如政治利益、军事利益）"[1]。鉴于此，全人类要努力达成科技价值底线共识：建立反人类、屠杀人类和突破人类生存环境生态的科技价值红线和禁令。如表 3-1 所示，人与科技的底线要素至少体现在如下五个方面的共识上，并实现贯穿于教育、社会治理、技术控制等现实领域全过程的综合而治。

表 3–1　价值共识视野下人与科技的底线要素

底线要素	要素的科学内涵	来源
生命	全部人类历史的第一个前提无疑是有生命的个人的存在[①]	马克思主义理论

---

❶ 韩跃红．科学真的无禁区？ [J]. 科学与社会，2005（2）：59-62.

续表

底线要素	要素的科学内涵	来源
生计	为了生活，首先就需要吃喝住穿以及其他一些东西。因此第一个历史活动就是生产满足这些需要的资料，即生产物质生活本身，而且这是人们从几千年前直到今天单是为了维持生活就必须每日每时从事的历史活动，是一切历史的基本条件②	马克思主义理论
第一层次生理上的需求	呼吸、水、食物、睡眠、生理平衡、分泌、性	马斯洛需求层次理论
第二层次安全上的需求	人身安全、健康保障、资源所有性、财产所有性、道德保障、工作职位保障、家庭安全	
“两不愁三保障”	不愁吃，不愁穿；保障义务教育、基本医疗和住房	新时代脱贫攻坚时期

资料来源：①《马克思恩格斯文集：第 1 卷》，人民出版社 2009 年版，第 519 页；②《马克思恩格斯文集：第 1 卷》，人民出版社 2009 年版，第 531 页。

2. 形成全人类科技应用底线、禁区及范围共识：建立科技实践应用禁区及清单，共建处置治理共识机制

关于科技应用禁区及清单的研究成果，截至目前还处于相对薄弱的阶段。虽然有“旷日持久的‘科技有无禁区’之争，在经历了‘科技无禁区’‘科学无禁区，技术有限制’和‘科技有禁区’三大范式的激烈交锋后，在科学与技术的学术分野下，已就‘技术有禁区’达成理论和实践共识，并逐渐将纷争的焦点集中于‘科学有无禁区’之上”❶，但是截至目前关于实质性的科技应用禁区内容及清单的研究不足，只涉及一些科技应用的原则和理念。例如，纽伦堡国际军事法庭 1946 年公布的《纽伦堡法典》，针对人体实验制定了基本原则，其中有这样的禁区条文，如实验不得造成受试者肉体和精神上的痛苦和创伤，不得进行发生死亡或残障的实验；实验的危险性不能超过实验所解决问题的人道主义的重要性，不得存在受试者的创伤、残废和死亡的可能性。再如，《世界医学协会赫尔辛基宣言》对以人作为受试对象的生物医学研究制定了伦理原

❶ 牛俊美．“科技—伦理生态”与“科技—伦理禁区”[J]. 道德与文明，2009（1）：83-87.

则和限制条件。其中第8条规定：医学研究必须遵守伦理标准，促进对所有受试者的尊重，保护他们的健康和权利。有些研究对象特别脆弱，需要特别保护。这些人群包括无法表示同意或拒绝表示同意的人，以及容易受到胁迫或不当影响的人。第12条规定：在进行可能对环境造成危害的医学研究时，必须适当谨慎。由此可见，这些禁令对医学研究的目的和实施方式设置了禁止性规定。数据确权与数据资产管理也应当设置研究目的与应用方式的禁止性规定。在一定意义上，科学技术哲学视野下的数据确权与数据资产管理的主要目的与医学研究一样，是获取新的爆发性价值，但是该目的不得优先于个体数据所有者和个体研究受试者的权利和利益；科学技术哲学视野下数据确权与数据资产管理的研究方式不得对环境造成实质性危害。

（1）科学禁区。

对于科学有无禁区，在韩东屏看来，“在科学研究是否有禁区的问题上，反禁派的观点是无禁区有规范，挺禁派的观点是有禁区，折中派的观点是只有相对禁区。可经逐一分析表明，它们的立论都难以自圆其说。稳妥的说法应是：科学在研究方式上有规范，在研究领域上则是运思无禁区，验证有禁区”[1]。在诺伯特·维纳看来，科学是有禁区的，“因此，新工业革命是一把双刃刀，它可以用来为人类造福，但是仅当人类生存的时间足够长时，我们才有可能进入这个为人类造福的时期。新工业革命也可以毁灭人类，如果我们不去理智地利用它，它就有可能很快地发展到这个地步的”[2]。“由此来解读科学，科学也是一柄‘双刃剑’，即科学精神以‘求得客观之真’为其终极价值的‘价值向度’之于主体具有‘利弊共存性’；由科学方法的‘方法域’所规定的制约和限定科学方法有效性的相对界限之于主体具有‘利弊共存性’；由科学知识的不确定性所带来的‘科学风险’之于主体也具有‘利弊共存性’。”[3]“上述分析表明，

---

❶ 韩东屏．审视科学禁区之争 [J]. 湖南社会科学，2009（3）：1-6.

❷ 诺伯特·维纳．人有人的用处 [M]. 陈步，译．北京：商务印书馆，1978：132.

❸ 邹成效．科学“双刃剑”解读 [J]. 南京师大学报（社会科学版），2005（2）：10-13.

无论是科学精神、科学方法，还是科学知识，它们对于人都具有‘利弊共存性’。也就是说，科学和技术一样，也是一柄‘双刃剑’，差别主要在于科学对人的利弊作用主要发生在‘精神性’层面，技术对人的利弊作用则主要发生在‘物质性’层面。”[1]“而科学禁区主要是手段违规。当科学研究在实验对象、材料、方法、过程、规则等方面严重违背不伤害、有利、尊重、公正等科技伦理的基本原则时，就应当被禁止或终止。”[2]当然，“科学有禁区不能被理解成禁止对某些自然奥秘的揭示，以防止这种知识被运用于邪恶目的，而应被理解为科学研究行为同样要遵循人类基本的道德法律规范。科学研究旨在求真，仅从目的而言也可以说它是有利无害的，但达到目的的手段却是有利有害的。科学禁区正是那些手段的有害性超过了科学认知价值的研究项目”[3]。基于上述研究阐释，对科学技术哲学视野下数据确权与数据资产管理来说，一样具有科学禁区，那些手段的有害性超过科学认知价值的研究，即数据搜集、聚集、加工和应用等各个环节中有害的研究方式。

（2）技术禁区。

对于技术有无禁区，在认为技术有禁区的大多数学者看来，科学是理论层面的，对实践只有指导作用没有实际作用，所以科学有无禁区可以搁置一旁，可以说科学无禁区，也可以说科学有禁区，但是技术是实践层面的，具有直接的实际作用，因此必须有禁区。林德宏认为，“工程技术则要付诸行动，直接引起物质变化，不利变化带来的弊端、灾难必然会强加给许多人，包括反对这种技术应用的人，所以技术有禁区，有些技术课题就是不能研究”[4]。韩跃红认为，“技术有禁区，科学也有禁区，所不同的只是技术禁区

[1] 邹成效．科学“双刃剑”解读 [J]. 南京师大学报（社会科学版），2005（2）：10-13.

[2] 韩跃红．科学真的无禁区？ [J]. 科学与社会，2005（2）：59-62.

[3] 韩跃红．科学真的无禁区？ [J]. 科学与社会，2005（2）：59-62.

[4] 林德宏．“双刃剑”解读 [J]. 自然辩证法研究，2002（10）：34-36.

可能是目的违规，也可能是手段违规”❶。有学者进一步深入研究指出，“技术本身只具有负面效应的可能性。只有通过技术应用，这种可能性才会变为现实性。对人类有害的技术，只要未被应用，那就只是潜在的危害，而不是现实的危害。为了杜绝有害技术的应用，在源头上禁止有害技术的研究是完全必要的，但不能因此混淆技术知识与技术应用的界限”❷“技术应用的负面作用，既同认识有关，又同利益有关；既同技术的功能有关，又同人的目的有关。但技术的本质是人们谋取物质利益的物质手段”❸。因此，技术有禁区成为人类社会活动的一般性共识，并引起人类社会活动的重视。然而对于什么是技术禁区、技术禁区的清单等问题，截至目前，没有标准，只有一些基本的原则。

一方面是技术禁区的核心要义及有关实践要求。技术禁区是指禁止进行特定技术活动的区域或限制技术应用的范围。技术“设置禁区超越了科技与伦理互动原理，一般性法律规范和‘科学无禁区’的信念，它是互动原理的特例，是对科学无禁区的辩证否定。为了保证禁区范围合理且必要，设禁的标准应有三条：人类基因组纯洁性、人类基因组正常表达为人、人类最大福利。判断时三条标准依次递进”❹。在日常生活中，一些高风险、高难度、不安全或非法的技术活动被列入技术禁区，如禁止使用火器、禁止使用无线电器等。某些具有危险性的领域也可能被列入技术禁区，如禁止使用炸药、禁止使用核武器等。

另一方面是技术禁区的应用原则及清单。虽然科技的发展给人类带来了巨大的便利和进步，但也带来一些潜在的威胁和危险。因此，科技伦理的一个重要任务就是确定哪些技术活动应该被视为技术禁区，并制定相应的规范和法律确保这些技术禁区的实施和遵守。然而现实中的技术禁区清单并没有出现，但

---

❶ 韩跃红．科学真的无禁区？ [J]. 科学与社会，2005（2）：59-62.

❷ 林德宏．“双刃剑”解读 [J]. 自然辩证法研究，2002（10）：34-36.

❸ 林德宏．“双刃剑”解读 [J]. 自然辩证法研究，2002（10）：34-36.

❹ 陈朝余．设置生物技术研究禁区的理论思考 [J]. 科学技术与辩证法，2002（3）：47-49.

是一些应用原则被学术界提炼出来。第一，“在技术的使用和限制上要坚持实践辩证法”[1]，即“对技术的运用和限制，也是一个辩证的否定之否定的过程。技术的消极方面不是能自在地呈现在人们面前的，而只能是在运用的过程中被人们发现。所以，对某些技术的限制往往是在该技术使用之后，甚至是在使用很长一段时间之后，而不是在其使用之前。要求在某一技术使用之前就看出其危害性而加以限制，那是不现实的，那无异于放弃对一切技术的使用。当技术的应用表现出消极方面的时候，要防止出现全盘否定技术应用的倾向。应该看到技术的积极方面才是其主要方面”[2]。第二，实践应用中设置一些指导性的原则，如“为了保证禁区范围合理且必要，设禁的标准应有三条：人类基因组纯洁性、人类基因组正常表达为人、人类最大福利，判断时三条标准依次递进”[3]。第三，技术禁区的措施范围。例如，“为平衡版权人与公众间的利益，美国《数字千年版权法》率先将技术措施纳入保护范围，开创性地规定禁止规避技术措施的一般例外与临时例外。总则性的一般例外自始未变，临时例外则由美国国会图书馆每 3 年进行一次调整。临时例外经五次修改，整体上呈现出例外情形数量和类型递增、应用范围日广的演进态势”[4]，而“我国宜结合因素主义与规则主义两种立法模式，在规定一般例外情形基础上，重点补充图书馆、档案馆等合理使用类例外”[5]。总之，技术禁区是为了保障人类安全和利益而设立的，对一些具有危险性的技术活动应该采取措施限制和避免其应用。同时，科技伦理应该对技术的发展进行调控和指导，以确保科技的发展不会对人类造成不可逆转的危害。

---

[1] 武高寿 . 科学无禁区　技术有限制 [J]. 科学技术与辩证法，2004（1）：63-65.

[2] 武高寿 . 科学无禁区　技术有限制 [J]. 科学技术与辩证法，2004（1）：63-65.

[3] 陈朝余 . 设置生物技术研究禁区的理论思考 [J]. 科学技术与辩证法，2002（3）：47-49.

[4] 肖冬梅，方舟之 . 美国禁止规避技术措施例外制度的缘起、演进与启示 [J]. 图书馆论坛，2016，36（6）：1-9.

[5] 肖冬梅，方舟之 . 美国禁止规避技术措施例外制度的缘起、演进与启示 [J]. 图书馆论坛，2016，36（6）：1-9.

综上可见，技术禁区与人的义利观禁区和理欲观禁区是相通的或相同的，只有人树立正确、科学的义利观和理欲观，才能对技术进行规制。

（3）道德伦理禁区。

一般情况下，人们会习惯性地从两个方面理解道德伦理禁区的内涵：一方面是道德伦理本身发展的局限性造成的道德伦理禁区；另一方面是科技应用在目标价值指向性上的道德伦理禁区。“前者指历史上伴随科学发现、发明而不断产生的科学思想、假说，经常遭遇丧失了现实合理性的传统伦理、现实的种种习俗、观念、思想、意识形态对科技的诘问或非难，甚至阻碍、禁锢、扼杀，而对科技设置的不合理禁区；后者即科学成果应用和技术形态转化过程中‘只能为善，不能为恶’意义上的禁区，主要是针对科学技术工具理性可善可恶的价值分裂性而言的，是科技活动主体在科技研发应用的价值目的性、行为态度及研发和应用范围方面，出于当时社会伦理的科技向善性要求而禁止涉猎之区域，通常又称之为价值理性上的禁区。”[1] 由此可见，这里的道德伦理禁区设置在一定意义上体现的仍然是个人的义利观禁区和理欲观禁区。“如果没有个体间及组织间的欲望及其冲突，伦理就失去其存在的真实根据；而如果没有伦理的超越，没有在伦理的运作中对个体或集体自然本能的超越，科技也就失去其价值灵魂。”[2]“从这个角度讲，如果说科技发展意义上的禁区必然随着科技自身的发展终将逾越，那么价值目的指向性意义上的禁区则始终存在，这不仅是科技良善发展的需要，更是合理的社会生活秩序和个体生命秩序和谐建构的需要。”[3] 综上所述，对科学技术哲学视野下数据确权与数据资产管理来说，道德伦理禁区的设置是极其重要的内容，特别是在数据搜集、储存加工、聚集应

---

❶ 牛俊美，陈爱华 . 科技—伦理和谐生态视阈中之“科技禁区”探析 [J]. 科技进步与对策，2009（12）：129-132.

❷ 牛俊美，陈爱华 . 科技—伦理和谐生态视阈中之“科技禁区”探析 [J]. 科技进步与对策，2009（12）：129-132.

❸ 牛俊美，陈爱华 . 科技—伦理和谐生态视阈中之“科技禁区”探析 [J]. 科技进步与对策，2009（12）：129-132.

用等环节都应当确定义利观禁区和理欲观禁区进行规范，才能保证数据确权与数据资产管理产生安全的社会效益。

（4）科技禁区。

科技禁区是指禁止或限制特定科技应用或研究的领域。这些领域通常涉及高风险、高成本、不道德或非法的科技活动，如人类基因编辑、人工智能导致的失业、生物武器的开发和使用等。科技禁区的设置是为了保护人类和社会免受潜在的危害、风险，同时确保科技的发展符合伦理和法律的要求。

一方面，处于某历史发展阶段的科技因自身不成熟而有某种纯粹认知意义上的相对极限，以及由此引发的不成熟科技应用范围的局限性，通常科技禁区范围的东西是每一种科技在发展壮大过程中都可能遇到的常见问题，一般来说是靠科技的日益进步而获得解禁。[1]另一方面，“在科技发展本身的禁区上，伦理无法也无力在根本上阻挡科技进步，它的有所作为只能是在科研伦理的层次上。通过赋予个体或组织形态的科技活动主体以道义责任感，使之因循‘善’的价值目的和行为态度，在对自然必然律的正确体知基础上谨慎展开科技研究，同时兼顾特定历史阶段的社会伦理价值精神的稳定性，在科技与伦理之间寻求平衡”[2]，“因此，即使相对纯粹的科技发展意义上的禁区，也是‘真’与‘善’整合而成的禁区”[3]。在科技禁区中，一些活动可能会被禁止或受到严格限制，如未经许可的基因编辑、人工智能导致的自动化失业、生物武器的开发和使用等。这些活动被认为对人类社会和生态系统具有潜在的重大风险和危害，因此必须制定严格的法律和伦理规范来限制监管。

同时，科技禁区的设立需要经过充分的科学、伦理和法律评估，以确保其

---

[1] 牛俊美，陈爱华．科技—伦理和谐生态视阈中之“科技禁区”探析 [J]. 科技进步与对策，2009（12）：129-132.

[2] 牛俊美，陈爱华．科技—伦理和谐生态视阈中之“科技禁区”探析 [J]. 科技进步与对策，2009（12）：129-132.

[3] 牛俊美，陈爱华．科技—伦理和谐生态视阈中之“科技禁区”探析 [J]. 科技进步与对策，2009（12）：129-132.

合理性和必要性。科技禁区的落实也需要得到政府和国际社会的支持与合作，以确保其有效性和可持续性。总之，科技禁区是为了人类和社会免受潜在的危害、风险而设置的，对涉及高风险、高成本、不道德或非法的科技活动应该采取措施限制和避免其应用。

综上所述，对科学技术哲学视野下的数据确权与数据资产管理来说，科技助力的数据应用应当有禁区，特别要对不成熟的科技助力加以规制，还要对科技助力的数据应用与加工都要实现向上、向善价值目的及其行为的禁区进行规制和调控，让其真正价值回归本然。

（二）常态化尺度：践行科学技术哲学视野下数据确权与数据资产管理的常态化应用原则与监管规则

从字面上来看，常为平常、态为稳定、化为恒定，常态化意为能规律地坚持做下去，即常有之状态且能长期坚持下去。常态化涵盖了已有的能坚持下去的机制。科学技术哲学视野下数据确权与数据资产管理的常态化尺度实际上是要让某一种价值尺度之“道”始终能指引数据确权与数据资产管理良性运行，且能体现向上、向善运行的“德”，起到保证数据的爆发性价值的作用。一方面，要让科学技术哲学视野下的数据确权与数据资产管理“顺道”而为。这就要求能对数据确权与数据资产管理之“道”有充分的认识、把握和掌握，且能权衡其中的发展要素使之成为能服务于人的“可用之得”和“已用之得”，即能呈现是与非、善与恶、美与丑、对与错的海量数据的爆发性价值态势。另一方面，要让科学技术哲学视野下的数据确权与数据资产管理呈现向上、向善的“得”与“德”之价值效益，并能造福更广泛的群体。那么，什么样的常态化价值尺度是这样的呢？如前文图 3-1 所示，A 线与 L 线之间的区间就是这种常态化价值尺度，这个空间中的价值尺度越过价值红线，是人类许可的价值选择范围。同时，这个常态化价值尺度也是 A 线牵引的对象，因为 A 线及其以上也是价值尺度区间，是高层级价值尺度，其价值幅度与广度对人、自然来说是

更有益的价值尺度。由此可见，A线与L线之间的常态化价值尺度区间不仅是被许可的价值选择区间，而且是道德选择区间，其中没有对与错、是与非、善与恶、美与丑，只有更好、更真、更善的价值尺度的大与小、多与少。这个区间的选择是价值幅度、广度的"量"上的差异，没有"质"上的好坏之别。这是一种遵循天道、地道、人道和数据之道的科学技术哲学视野下数据确权与数据资产管理状态，是有德性的状态。

1. 自由选择：旨在遵"道"

从马克思主义自由观的视角来看，自由选择不是一种没有界限和约束的无边无界之自由选择，相反是一种遵循人与社会、人与自然规律且能实现人与自然更大福利的重要价值追求，还是一种达到为人与自然服务的崇高目标的价值追求。自由选择不是完全发自内心的无价值诉求的选择，而是引领人们深思什么样的选择是值得追求和享有的，进而促使人们为实现这种追求而大胆地思考社会变革。人的自由选择是指人类具有自主决策和选择的能力，可以根据自己的意愿和意志自由地做出行动。人的自由选择是马克思主义自由论中的一个重要概念，涵盖多个方面，包括劳动力自由、经济自由、文化自由和社会保障自由等。人的自由选择是社会进步和发展的重要推动力量，它不仅促进人的全面发展和自我实现，而且推动社会的进步和发展。然而人的自由选择也面临一些挑战和限制，如社会和政治环境的限制、经济和资源的限制、文化和传统的限制等。因此，在实现人的自由选择的同时，需要建立和完善相应的制度、机制，保障人们的自由权利和利益，促进社会的公平和稳定发展。

由此可见，科学技术哲学视野下数据确权与数据资产管理的自由选择是需要主体的人及其在以科技助力人的服务中自由探求数据确权与数据资产管理的运行规律，对更大福利的追求与选择积极作为。

2. 价值选择：旨在守义

价值选择是在价值判断的基础上做出的选择。它具有社会历史性特征，会因时间、地点、条件的变化而变化。此外，价值判断和价值选择具有主体差异性，因为它们是人们根据自己的立场、观念和利益进行的判断和选择。

从中华优秀传统文化内涵的视角来看，“理之所在，谓之义；顺理决断，所以行义。赏善罚恶，义之理也；立功立事，义之断也”[1]。义是行为规范，指办事要合乎时宜、合乎事理，要处世得当，要让人舒服，这就是善。正因如此，孔子说：“君子喻于义，小人喻于利。”儒家倡导义大于利，君子对天下的事没有其他的辨别方法，主要依照义而行事罢了。此外，中华优秀传统文化还将“义”视为一种“致良知”的思索，良知上要做的事就是“义”，不能做的就是“不义”。正确的价值标准应该是坚持真理，自觉遵循社会发展的客观规律，走历史发展的必由之路，并自觉地站在广大人民的立场上，把人民的利益作为最高价值标准。同时，牢固树立为人民服务的思想，把献身人民的事业和维护人民的利益作为最高价值追求。人的价值在于创造价值，以及对社会的责任和贡献。这既包括通过劳动和奉献实现社会价值，又包括通过努力实现自我价值。其中，人对社会的责任和贡献是价值选择的重点，也是衡量人生价值的最高标准。

综上所述，科学技术哲学视野下的数据确权与数据资产管理理应以“义”为先，不能重“利”。若能做到“义”，则会给人们带来数据福利；若以“利”为先，则数据的理性价值会害人害己、得不偿失。

3. 道德选择：旨在向善

道德选择是对个人行为、社会关系、组织机构、社会责任、法律规范、道德观念和道德情感的全面探讨。第一，个人行为是道德选择的基本层面。每个人在日常生活中都会面临各种道德选择，如是否诚实、是否守信、是否自私、是否慷慨等。要做出正确的道德选择需要对自己的行为进行深思熟虑，评估其可能的影响，并考虑他人的权益。第二，社会关系是道德选择的重要领域。人

---

[1] 黄石公 . 素书 [M]. 罗虎，注译 . 北京：中国画报出版社，2016：22.

们如何处理与他人、社会的关系反映其道德观念。例如，面对不公正的行为时，是忍气吞声，还是勇敢反抗，这都体现了道德选择。此外，社会关系也涉及道德情感，如对他人痛苦的共情和共鸣。第三，组织机构是社会的重要组成部分，也是道德选择的另一重要领域。例如，组织机构面对利益冲突时，是追求自身利益，还是考虑整个社会的利益；面对员工的不当行为时，是姑息纵容，还是严格执行规章制度。这都体现了其道德选择。第四，社会责任是道德选择的重要方面。面对社会问题时，人们应当如何承担责任是道德选择的重要议题，如面对贫困和饥饿时，是漠视，还是积极援助，这都体现了道德选择。第五，法律规范是道德选择的底线。在法律与道德不一致的情况下，人们需要在遵守法律和维护道德原则之间做出选择。例如，面对不公正的法律时，是遵守法律，还是挑战法律，这是道德选择的典型案例。第六，道德观念是道德选择的基础。人们的道德观念决定了他们在面对道德选择时的态度和行动。正确的道德观念应当是以人为本，尊重他人，公平公正，诚实守信等。最后，道德情感是道德选择的重要驱动力。人们对道德选择的感受和反应常常会引发内在的情感冲突和抉择。例如，面对他人的痛苦时，是选择感同身受、伸出援手，还是选择冷漠无情、无动于衷，这都体现了道德情感的深度和广度。同时，道德情感也是推动人们进行道德学习和采取道德行为的重要力量。总之，道德选择贯穿于个人行为的方方面面，从微观的个人行为到宏观的社会责任，都涉及道德选择。正确的道德选择有助于个人的成长、社会的和谐及人类文明的进步。反之，错误的道德选择可能导致个人的痛苦、社会的矛盾及人类文明的倒退。因此，每个人都应该认真对待道德选择，坚持正确的道德观念和情感，以实现个人价值和社会价值的和谐统一。

从人类社会学的角度来看，选择往往是向“利”的，但是这种“利”的选择还能向“善”，那就是道德选择。正因如此，一般情况下，道德选择是一种避恶向善的选择。科学技术哲学视野下的数据确权与数据资产管理必然要在选择应用的全过程中体现出隐性和显性的向上、向善性，否则这种选择不会被更多人认可，甚至会被众叛亲离。也就是说，科学技术哲学视野下数据确权与数据资产管理最好的结果价值必然是向上、向善的，否则应当对其融合应用加以限制。

（三）价值高度：倡导科学技术哲学视野下数据确权与数据资产管理的最大化向上、向善选择

价值高度是指对某个对象的价值作出评判时所依据的某个标准的高度。价值高度可以用来衡量一个对象相对于其他对象的价值的优势和劣势。例如，在商业领域中，价值高度可以用来评估某种产品或服务的相对优势和劣势，从而帮助企业做出决策。需要注意的是，价值高度是一个相对的概念，其具体含义和运用方式因不同的领域和背景而异。

一方面，数据确权与数据资产管理的高度价值设置不意味着科技的价值有上限的禁区，而是体现科技价值的追求有更高的目标和可能性，引导人们在融合应用科技助力人的社会活动中要有更高的价值追求，特别是数据确权与数据资产管理的融合应用应追求更高的价值红利。那么，多高是更高呢？一般来说，要求这种价值的红利造福范围广、福利内容多。科学技术哲学视野下的数据确权与数据资产管理能让每一个个体的数据有权属红利和数据资产收益，且不被他人侵犯，实现的数据资产管理也是智慧型的，既没有资源浪费，又没有隐私安全风险，还能实现数据产权的收益。当然，这种理想的状态是在不触及红线的基础上、常态化尺度引领下的最终必然结果。

另一方面，数据确权与数据资产管理的高度价值设置还要有价值链或价值生态的考虑与安全实践措施。如果科学技术哲学视野下的数据确权与数据资产管理能让每一个个体的数据有权属红利和数据资产收益，且不被他人侵犯，能实现的数据资产管理是智慧型的，既没有资源浪费，又没有隐私安全风险，那么数据确权与数据资产管理的高度价值设置还必须考虑数据确权与数据资产管理的全过程，并在实际营运中努力形成数据确权与数据资产管理产业及其衍生

产业等生态的布局、规划和风控，让数据确权与数据资产管理引领数智时代全人类的自由全面发展。

二、树立人与科技共同遵循的科学发展观

“发展观是一个国家在社会发展过程中对发展以及怎样发展的系统而全面的观点。”[1]一般来说，发展观是指人在所处的社会中坚持什么样的发展和对如何发展的思考和实践做法的构想及行为，主要是对科学发展、绿色发展、可持续发展、高质量发展等问题思考与实践的构想。因此，对基于科学技术哲学视野的数据确权与数据资产管理，同样要思考“如何发展”和“怎样发展”的问题。

（一）科学发展：数据确权与数据资产管理的动力源泉

科学发展是指用科学的思维来实现科学技术哲学视野下的数据确权与数据资产管理。那么科学发展的内涵、标准是什么。一般来说，“科学发展是时代提出的新要求。在现代科学传统下，无论是人类社会还是自然界，都不是人和事物的简单集合体，而是人和事物在内在相互作用中不断生成变化着的系统。真正的科学发展是建立在现代科学传统基础上的，对科学发展哲学内涵的正确解读是自觉走科学发展道路的理论基础和基本思想条件”[2]。科学发展是按照事物的规律进行的演进发展，顺应事物发展规律的发展就是科学发展，正如中华优秀传统文化中“道”与“德”的关系。然而科学发展还包含一种“科学精神”，以科学的精神和研究范式谋求可延续的发展。科学的精神和研究范式至少要有科学的思维、科学方法和科学的探索范式。首先，应对科学有一定正确的理解。一般来说，科学是指合理、理性的知识原理，具有较强的理论性特

---

[1] 方正．新中国成立以来党的发展观的演变历程、基本经验与世界意义 [J]. 理论导刊，2019（11）：82-91.

[2] 柳泽民．科学发展的哲学内涵简析 [J]. 安徽工业大学学报（社会科学版），2011（6）：3-5.

征。从哲学的视角来看，科学就是要能反映事物本质性的智慧，必须是系统性、规范性、权威性和周期性的可借鉴与参考的理论知识。科学发展就是用这种合理、理性的知识原理来解决延续发展和更好发展的问题。科学方法是指利用科学之“理”的社会实践手段来实现发展目的的方法。由于这样的科学发展思维和实践方法都是好的、有利的，人们就在实践中提炼一种理论传承和实践操作，形成不同于其他理论与实践的新理论与实践范式，按这种范式实践就能实现目标，所以称之为科学探索范式。科学发展成为科学技术哲学视野下数据确权与数据资产管理必然选择的道路，是其发展的动力源泉。

此外，数据确权与数据资产管理的科学发展还要突破传统发展的局限。第一，既要重视数据确权与数据资产管理以实现物质的丰富发展，又要重视数据确权与数据资产管理以实现人类自身的全面发展。第二，既要重视数据确权与数据资产管理以实现经济发展，又要重视数据确权与数据资产管理以实现社会全面进步。第三，既要重视数据确权与数据资产管理以实现国内生产总值的增长，又要重视数据确权与数据资产管理以实现人文、资源、环境指标。我们绝不能让数据确权与数据资产管理陷入“发展＝经济增长”误区。英国学者杜德利·西尔斯在《发展的含义》一文中指出，“增长”和“发展”是两个不同的概念。“增长”仅是物质的扩大。全面发展是包括经济增长和结构改善在内的以人为本的经济、社会、生态的发展。马克思主义中国化成果的“科学发展观”认为，科学发展是指克服困难和战胜风险，需要正确认识和回答“怎样发展”“为谁发展”“靠谁发展”的发展。这种认识和回答不仅体现了数据确权与数据资产管理为了人民的发展宗旨，还充分体现其发展必然依靠人民的方法。这就决定了“怎样发展”的主线，即数据确权与数据资产管理是不脱离为人民这一宗旨的发展，更是依靠人民这一方法的发展。

（二）绿色发展：数据确权与数据资产管理发展的底色

从狭义上说，绿色发展是指无害发展，不拔苗助长，按照事物本来的面

目或自然状态下的发展规律进行发展；从广义上来看，绿色发展与科学发展类似，就是要按照规律发展，还有一些可持续发展的要求、协调发展的要求、健康与安全发展的要求、改革传统创新发展的要求等，即“作为新发展理念的重要组成部分，绿色发展是对马克思主义发展观的一次深刻革命”[1]，是现代化发展中实现人与人、人与社会、人与自然和谐共生的一种发展理念。正因如此，刘耀彬、袁华锡等研究绿色发展后指出，绿色发展是一种新的发展范式，从本质上看是一种可持续发展范式；从形式上看是一种循环发展过程；从效益上看是再利用发展；从效率上看是增值发展；从终极价值目标上看是为实现人的自由全面的发展。[2]因此，对数据确权与数据资产管理的绿色发展来说，不仅要求在数据确权与数据资产管理中，面临数据隐私安全、数据侵权、数据暴力等风险时，要主动将数据生态、数据确权生态、数据资产管理生态建立并保护起来，而且要让数据、数据确权与数据资产管理成为当前及未来新数字经济增长的一种发展范式。

1. 以绿色发展消除数据确权与数据资产管理的数智风险乱象

首先，原始自然记录数据是数据确权与数据资产管理的基础，数据确权与数据资产管理是原始自然记录数据的有力保障。原始自然记录数据是指个体和群体自然而然的行为发生数据及思想和情感数据。那种非自然记录的思想、情感和行为数据就是不符合人、社会和自然存在与运行规律的数据。例如，人的正常生理需要数据、生理需要供给数据，以及从生理需要产生时的思想与情感数据到生理需要满足全过程的数据均被称为原始自然记录数据，但值得注意和区别对待的是这一过程中的贪婪数据、侵害他人的数据和加工后的数据，它们不属于原始自然记录数据。这里的概念界定，一方面有定性的要求，是非自

❶ 王宏腾，王凯，铁铮．绿色发展必须成为高质量发展的最鲜明底色 [J]. 国家林业和草原局管理干部学院学报，2023（3）：1-4.

❷ 刘耀彬，袁华锡，胡凯川．中国的绿色发展：特征规律·框架方法·评价应用 [J]. 吉首大学学报（社会科学版），2019，40（4）：16-28.

然思想、情感和行为流露数据，不是原始自然记录数据，包括贪婪数据和非道德选择的数据。这样的定性要求旨在强调数据的真实性和道德性，实际上是保证数据确权与数据资产管理中数据的价值和可利用性。若数据是假的、恶的数据，不仅数据的使用价值大打折扣，而且不利于社会效用；如果数据是恶的，还会引发一些数据暴力现象。同时，隐私数据在这里也属于非道德数据，这时必须分清使用过程中的目标价值取向是向善、还是向恶的。如果是向善目标价值的，就属于原始自然记录数据，可以使用、可以确权和参与资产管理；如果是向恶的使用目标价值，就是不能使用的或需要在加密情况下才能使用、确权和参与资产管理的原始自然记录数据。另一方面，有定量的要求，不能是恶的数据和加工数据。也就是需要在产生的过程中不能有一点儿侵害他人利益的思想数据、情感数据和行为数据，恶的数据既不被认为是原始自然记录数据，更不能参与数据确权与数据资产管理，否则有违数据确权与数据资产管理的绿色发展之基本原则。加工数据要分清情况才能参与确权和资产管理，包括价值厘清、权属辨识清楚，不属于原始自然记录数据。其次，征求原始自然记录数据所有权人的意见是数据确权与数据资产管理的根本，数据确权与数据资产管理是原始自然记录数据所有权人的收益依据。最后，以上两点分两个环节进行数据确权与实现数据资产管理，实际上是以绿色发展理念消除数据确权与数据资产管理的数智风险乱象。其中，第一个环节已经阐释了数据确权的基础，这种原始自然记录数据自然是被个体人、全社会认可和保护的绿色数据，也是正义的、道德的数据，有利于人、社会和自然生态稳定和有序发展的，且是可持续发展、绿色发展的数据。第二个环节上的数据在遵循第一个环节的基础上解决了一部分数据确权与数据资产管理问题，还要进一步厘清数据搜集、加工、分析和使用中的劳动贡献率问题。只有这样，两个环节上的数据才能保证其价值是有益的，是符合人的自由全面发展要求的绿色数据，是被倡导的存在和发展的绿色数据。

2. 以绿色发展促进数据确权与数据资产管理的数字经济繁荣

陆威文和苟廷佳在《数据要素资产化的理论逻辑与实践进路——基于对数据资产内涵与价值规律的认识》一文中指出，“从数据资产的内涵出发，并非所有数据要素都能成为数据资产，只有能够明确数据权利且主体基于合法权利行使创造经济或社会价值的数据要素才能纳入资产范畴”[1]。也就是说这个“明确数据权利且主体基于合法权利行使”必然包括“绿色”这一数据确权与数据资产管理的重要发展原则，一是遵循原始自然记录数据，二是遵循征得原始自然记录数据所有权人的意见，同时满足厘清数据搜集、加工、分析和使用中的劳动贡献率。对满足这三个硬性条件的绿色数据进行数据确权与数据资产管理，在区块链技术的支撑下，不仅能实现向上、向善的价值效用，产生安全可靠的数据爆发性价值，形成和谐有序的数智经济格局，即“数据要素资产化的价值实现除了直接创造社会显性财富外，还能通过主动融入社会创新体系，激活各类市场主体创新动力，推动社会创新实践，激发全社会创造活力”[2]。特别是数据要素资产化应用能够推动人工智能、区块链、车联网、物联网等领域深度发展，有利于形成统一的技术标准并引领行业发展潮流。与此同时，“数据资产化带来的要素流通、互联、融合，有利于打造开放的创新生态，形成协同创新的社会氛围，进而激发全社会创新活力”[3]，还能因数字经济高质量发展格局的构建，进一步促进全人类的自由全面发展，实现人的解放，开启属于全人类的美好生活。

---

[1] 陆威文，苟廷佳．数据要素资产化的理论逻辑与实践进路——基于对数据资产内涵与价值规律的认识[J]．企业经济，2023，42（4）：28-39.

[2] 孔艳芳，刘建旭，赵忠秀．数据要素市场化配置研究：内涵解构、运行机理与实践路径[J]．经济学家，2021（11）：24-32.

[3] 陆威文，苟廷佳．数据要素资产化的理论逻辑与实践进路——基于对数据资产内涵与价值规律的认识[J]．企业经济，2023，42（4）：28-39.

（三）可持续发展：数据确权与数据资产管理发展的远景目标

可持续发展就是要求发展进程有持久性、连续性。一是要实现人与自然的和谐发展；二是要实现经济发展和人口、资源、环境相互协调发展；三是要坚持走生产发展、生活富裕、生态良好的文明发展道路；四是要保证一代接一代地永续发展。正如马克思主义中国化成果认为，坚持可持续发展就是要坚持“创新、协调、绿色、开放、共享”的新发展理念，可持续发展与科学发展一脉相承，又创新发展了科学发展。第一，创新发展是指在推动经济社会发展中，解决的是发展动力问题。当然，动力何来，一般认为是试错，恰恰创新是一门精准的科学[1]，不仅有可遵循的创新发展规律，还有具体的实践范式可借鉴与启悟。第二，协调发展是指全面协调的发展，解决的是发展不平衡问题。我国发展的不协调突出表现在区域、城乡、经济和社会、物质文明和精神文明、经济建设和国防建设等的关系上。在经济发展水平相对落后的情况下，一段时期内的主要任务是要跑得快，但跑过一段距离后就要注意调整关系，注重发展的整体效能。第三，绿色发展是指为了持久性、连续性发展要遵“道”发展，解决的是人与自然的和谐问题。我国数据资源规模庞大、复杂程度高、涉及生产生活的方方面面，人民群众对实现数据确权与数据资产管理的收益兴趣浓厚、诉求强烈。第四，开放发展是指统筹国内、国际两个大局的循环发展，解决的是发展的内外联动问题。现在的数据问题不是要不要对外开放与共享，而是如何提高数据对外开放与共享的质量及发展的内外联动等问题。我国数据对外开放水平总体相对不高，用好国际国内两个市场、两种资源的数据处理能力相对不强，应对国际经贸摩擦、争取国际经济话语权特别是数智经济话语权的能力相对较弱，运用国际经贸和数据流通规则的能力相对不高，需要尽快弥补数智技术研发与应用短板。第五，共享发展是指要充分以人为本、以人为贵，解决的是发展的机会和成果如何实现全民共享的问题。数据确权与数据资产管

[1] 阿里特舒列尔．创造是精确的科学[M]．魏相，徐明泽，译．广州：广东人民出版社，1987.

理实现“创新、协调、绿色、开放、共享”的新发展，一是要解决数据确权与数据资产管理创新发展的难题，包括如何突破“数据确权”的产权明确问题、如何实现数据与资产管理的融合应用；二是要解决其协调发展的不平衡问题，包括科技进步与人文建设的整体推进发展和引领发展，以及应用、收益和隐私保护的统筹发展问题；三是要解决其“道”是什么的问题、“顺道用”的人、数据、社会、自然和谐发展的问题；四是要解决国际、国内循环发展和联动发展的问题，既要敢于走国际化道路，又要在国际化过程中解决人民数据为了人民发展的问题；五是要解决其发展落脚点的以人民为中心等问题，要让其发展机会和成果属于人民；六是要解决其一代接一代地永续发展的问题，不能为了眼前利益使后代只负责修复而丧失发展的空间与红利。

（四）高质量发展：数据确权与数据资产管理的融合应用要求

高质量发展是全面建设社会主义现代化国家的首要任务。发展是中国共产党执政兴国的第一要务。没有坚实的物质技术基础，就不可能全面建成社会主义现代化强国。必须完整、准确、全面贯彻新发展理念，坚持社会主义市场经济改革方向，坚持高水平对外开放，加快构建以国内大循环为主体、国内国际双循环相互促进的新发展格局。一般来说，高质量发展是指发展从粗放型向集约型转变后，从原来追求数量的发展向追求质量的发展转变。习近平总书记指出：“高质量发展，就是能够很好满足人民日益增长的美好生活需要的发展，是体现新发展理念的发展，是创新成为第一动力、协调成为内生特点、绿色成为普遍形态、开放成为必由之路、共享成为根本目的的发展。更明确地说，高质量发展，就是从‘有没有’转向‘好不好’。”[1] 当然，“高质量发展不只是一个经济要求，而是对经济社会发展方方面面的总要求；不是只对经济发达地区的要求，而是所有地区发展都必须贯彻的要求；不是一时一事的要求，而是必须

[1] 习近平．习近平同志《论把握新发展阶段、贯彻新发展理念、构建新发展格局》主要篇目介绍 [N]. 人民日报，2021-08-17（2）.

长期坚持的要求”[1]。正因如此，基于科学技术哲学视野的数据确权与数据资产管理必须追求高质量发展的模式，不能还是传统的增量型发展和粗放型发展，至少应当在数据确权与数据资产管理上能实现更高质量发展的相关指标。一方面，数据确权产权清晰、数据价值精准；另一方面，数据资产的产权精准而明确，数据资产的使用、支配、加工、收益都有强力的保护措施、溯源技术、公平的流通秩序和收益秩序、公平公正和精准的价值估算体系等。

第二节　方法与技术的有机统一维度

方法与技术的有机统一维度是科学技术哲学视野下数据确权与数据资产管理实现高质量实践应用的核心着力点。因为只有坚持从“方法与技术的有机统一维度”探索解决数据确权与数据资产管理的突出问题、短板与融合实现痛点，才能探索具体的和可实践的“一对一、一对多和多对一”方法论、技术集，以及能解决方法论与技术集有机融合的组织架构构想等构建理路和实践方案。

一、方法论：由数据确权与数据资产管理的问题导向决定

钱学森曾对“技术科学中的方法论问题”提出两个方面的思考：“第一点是技术科学的研究方法，尤其是怎样用辩证唯物论来提高技术科学研究的效率……第二点是工程师们常常运用的经验方法，联想方法，或者简直是猜想方法，到底是怎么一回事？显然地，这些工程师们常用的工作方法是有效的”[2]。由此可见，方法论，一方面是遵循历史辩证唯物主义的观点、立场和方法；另

[1] 习近平．习近平同志《论把握新发展阶段、贯彻新发展理念、构建新发展格局》主要篇目介绍 [N]. 人民日报，2021-08-17（2）.

[2] 钱学森．技术科学中的方法论问题 [J]. 自然辩证法研究通讯，1957（1）：33-34.

一方面是一种有效的工作方法。因此，李伯聪教授进一步研究指出："方法论是在分析、概括、总结各种各样的具体方法的基础上形成的理论概括和理论认识。方法论的理论不是凭空而来的，它是各种各样的具体方法的理论总结和理论升华。一方面，所谓方法论显然并不等同于各种各样的具体方法，另一方面，方法论研究又不能脱离各种各样的具体方法，方法论的内容具有现实性，方法论不是凭空而来的空中楼阁。"[1]

（一）方法论与主体的关系：人的主体力量的外现

方法论是由特定的主体或群体采用的思维模式、行动方式和实践理论，而主体是方法论的实践者、应用者和创新者。方法论对主体具有指导、规范和制约的作用，而主体则是方法论的实践者，通过实践来验证、完善和发展方法论。方法论和主体是相互依存、相互促进的关系。方法论为实践提供指导和支持，而主体则是方法论的实践者，通过实践验证其真理性、科学性，并能推动方法论的丰富发展、完善提炼及传承。方法论和主体是密不可分的，共同推动着人类认识世界和改造世界的曲折前进历程。

人是自然中的"智慧天使"，因人的灵性决定了人是自然中的主体，但在马克思看来，这种天使般的主体人与自然界是感性的对象性关系，人能认识自然且能顺应自然而改造自然。当然，马克思并不认为人在自然中的劳动成果就是主体对客体改造的成果。他恰恰认为，这是人的主体力量的外现。由此可见，"在研究和考察方法这个概念的内涵和基本特征时，首先要注意的是，'自然界自身'不存在方法问题——例如，人们不能问'地球用什么方法创造出喜马拉雅山'、'太阳用什么方法控制地球的运动方式'，如此等等。只有对于人这个行动主体，才出现了方法问题——方法是由人发明创造出来的，其作用和功能是被人运用以达到一定的目的"[2]。在科学技术哲学视野下的数据确权与数

[1] 李伯聪．关于方法、工程方法和工程方法论研究的几个问题 [J]. 自然辩证法研究，2014（10）：41-47.

[2] 李伯聪．关于方法、工程方法和工程方法论研究的几个问题 [J]. 自然辩证法研究，2014（10）：41-47.

据资产管理，其方法论与人的关系同样是人的主体力量的外现。物联网方法、数据确权方法与数据资产管理方法等都是人的智慧使然，不能求助于其他动物。这些方法论是人的主观能动性在实践中的体现，特别是人在实践试验后的成功经验和智慧积累。这就必然包括人对数据、数据确权与数据资产管理的认识和认识论的方法问题、人在"感性认识⟷理性认识"不断循环往复而达到深刻和全面认识的认识过程中的总结方法及方法论问题，以及实践落地的工程方法和工程方法论等实践方法及实践方法论问题。当然，这里必然包括实践者们常常运用的经验方法、联想方法，或者简直是猜想方法等内容。

（二）方法论与目的的关系：人的理性需求的必然

方法论与目的的关系实际上就是人类为了某一个技术目标达成而满足自己的现实需要，于是寻找某一种方法或多种方法形成方法集来实现这个目标需要达成而建立起来的调适与优化，以及不断调适与优化的关系，即"在一定意义上可以说，所谓方法，其基本性质和基本特征之一就是以'中介性'代替'直接性'"[1]。同时，"方法对于目的的中介性主要表现在两个方面——关系上的中介性和过程上的中介性"[2]。基于科学技术哲学视野的数据确权与数据资产管理中，如对于数据确权，以区块链技术的方法可以在一定程度上辨别产权是谁的，区块链技术这个方法就是关系上的中介性。当然，这个方法在满足数据产权划分中还要对数据搜集、清洗，再以区块链技术用密码学设定保护和打上标签，整个过程就是这种方法的过程上的中介性。由此可见，区块链技术的方法是现代人需要对数据确权而做出的必然选择方法之一。方法及方法论是以服务为目标的工具，但是方法在服务目标价值的过程中必须有价值导向的引领和调控，否则方法能达到诸多目的，而不一定是唯一目的或者理性价值的目的。诚然，"对于达到目的而言，方法不是固定的、僵化的，不是只

---

[1] 李伯聪.关于方法、工程方法和工程方法论研究的几个问题[J].自然辩证法研究，2014（10）：41-47.

[2] 李伯聪.关于方法、工程方法和工程方法论研究的几个问题[J].自然辩证法研究，2014（10）：41-47.

能用一种方法达到目的，而是具有灵活性、多变性，甚至必须说方法‘本身’也具有一定的创造性。”[1]“这就是说，一方面，方法具有对于目的的服务性和派生性（人们常常为实现某个目的而发明某种相应的方法）；另一方面，方法又具有对于多目标和新目标的相对自主性和创造性（可以利用同一方法达到‘不同目标’，甚至可以用其创造和实现‘新目标’）。”[2]因此，对于科学技术哲学视野下的数据确权与数据资产管理，在一定意义上说，当前的具体方法可能是先进性、特殊性、稀有性的数据确权与数据资产管理之一种方法或多种方法集，但是随着方法应用的熟悉，方法的调适、优化及改进，还会对数据确权与数据资产管理的目的扩大化、拓展化、更优化，包括对数据确权与数据资产管理的实现方法，进而形成新的可能性及与之相适应的实践应用目的和方法。正如法国人保尔·芒图指出：“发明是一回事，经营利用发明物却是另一回事。我们已经见过许多这样的事。”[3]质言之，方法论与目的的关系是随着人类理性需要的变化而曲折向前发展的动态关系，是不断调适与优化的实践活动关系。

（三）方法论与结果的关系：寻找人的诉求的契合条件

方法论往往是工具集；结果是工具及工具集达成某种目的的结果。从这个意义上来说，目的与结果之间有契合性，为实现人类的目的诉求采用正确的方法后就会出现符合目的的结果。目的是主观性的意识；结果是客观性的显示；方法是二者的中介。虽然在一些场合目的与结果可以画等号，或不完全画等号，但是目的与结果之间还是存在一定的差异性。就方法与目的来讲，方法是实现目的的工具；对结果来讲，除了工具之外，方法更是实现结果的条件及条件集，是因果关系中的因子及因子集。正因如此，李伯聪教授指出：“在人类

[1] 李伯聪．关于方法、工程方法和工程方法论研究的几个问题 [J]. 自然辩证法研究，2014（10）：41-47.

[2] 李伯聪．关于方法、工程方法和工程方法论研究的几个问题 [J]. 自然辩证法研究，2014（10）：41-47.

[3] 保尔·芒图．十八世纪产业革命 [M]. 杨人楩，陈希秦，吴绪，译．北京：商务印书馆，1983：257.

的有目的的活动中，必然同时出现两种性质的关系——‘方法—目的’关系和‘原因—结果’关系。在分析后一种关系时，‘方法的现实运用’成为导致出现‘结果’的基本原因之一。在‘方法—目的’关系中，方法是实现目的的手段；在‘原因—结果’关系中，方法是出现结果的原因。在使用某种方法时，人们不但必须注意其‘方法—目的’维度的关系，而且必须同时注意其‘原因—结果’维度的关系。”[1]然而在现实中，值得人类警惕的是，方法与结果之间往往还有一些意外的结果。一种表现为可以接受的意外结果，包括重大发现和增值的结果；另一种表现为不可承受或不愿接受的意外结果，可能是事故、灾难、损失、痛苦、毁灭，如“美索不达米亚、希腊、小亚细亚以及其他各地的居民，为了想得到耕地，把森林都砍完了，但是他们想不到，这些地方今天竟因此成为荒芜不毛之地，因为他们使这些地方失去了森林，也失去了积聚和贮存水分的中心”[2]。科学技术哲学视野下的数据确权与数据资产管理同样有方法风险。对于这种方法风险，现在人类有些是可预测的，但一定还有许多是没有预见的，如数据隐私安全、数据资产侵权等是人类已经预见的结果，但是海量数据聚集的爆发性价值风险这种结果是人类暂时还预见不到的。这就需要人类在选择“方法及方法论—结果”的数据确权与数据资产管理中要有风险评估、风险预测及风险预知方案，尽量做到可控，“在所谓‘评估’工作中，最核心、最关键的问题就是要尽可能全面地分析、研究、协调和处理‘方法—目的’关系中的复杂情况和‘方法 / 原因—结果’关系中的复杂情况，尤其是要尽可能全面地分析、研究、协调和处理‘方法—目的’和‘方法 / 原因—结果’二者的相互关系问题”[3]。只有如此，方法及方法论的应用才能与人的诉求完美契合。

---

[1] 李伯聪 . 关于方法、工程方法和工程方法论研究的几个问题 [J]. 自然辩证法研究，2014（10）：41-47.

[2] 马克思，恩格斯 . 马克思恩格斯选集：第 3 卷 [M]. 中共中央马克思恩格斯列宁斯大林著作编译局，编译 . 北京：人民出版社，1972：517.

[3] 李伯聪 . 关于方法、工程方法和工程方法论研究的几个问题 [J]. 自然辩证法研究，2014（10）：41-47.

（四）方法论与理论的关系：人的诉求与满足的引擎

方法论和理论是不同的概念，但它们之间存在紧密的关系。理论是指对某种事物的理性认识，是对事物规律的总结和解释。方法论则是研究如何获得和建立这种知识的途径和方法。具体来说，方法论是研究如何通过观察、实验、推理等方法来获取理论知识的一种系统性的方法。它涉及如何收集数据、如何分析数据、如何验证理论的正确性等方面。方法论不仅是一种技术阐释与认识，也是一种对认识态度和认知方式的反映。理论和方法论之间存在密切的关系。理论的发展需要方法论的支持，方法论则为理论提供了获取和建立知识的途径和方法。没有方法论的支持，理论就会变得空洞和不可验证；同时，方法论也离不开理论的指导，没有理论的指导，方法论就失去了实践目标和方向。在现实中，理论和方法之间的关系有时是模糊的，理论可能会指导方法的实施，而这种方法反过来又会为这一理论的验证或反驳提供数据或证据。因此，理论和方法之间是相互依存、相互促进的关系。方法论和理论是不同的概念，方法论是获取和建立理论知识的实践方法和途径的总和，理论则是指导方法论的实践开展和应用的科学知识体系。

方法论和理论有不同的实践要求。特别是在人的诉求与满足的实践中，理论之所以重要，不仅是理论对实践具有重要的指导作用，而且理论具有强大的结构逻辑、效益导向和真理张力，并能延续传承。因此，重视“方法—理论”的关系，实际上就是全面地把握方法的结构逻辑、效益导向和真理张力。正如李伯聪教授指出：“应该承认，在科学领域和科学活动中，方法‘从属于’理论，‘指向’理论，‘走向’理论，在这个意义上，我们可以说理论‘重于’方法，理论‘统率’方法；可是，在实践活动中，在工程活动中，理论‘服务于’方法，‘从属于’方法，并且理论必须‘转化为’方法才有意义，在这个意义上，我们可以说方法‘重于’理论，方法‘统率’理论。”[1]综

---

[1] 李伯聪．关于方法、工程方法和工程方法论研究的几个问题 [J]. 自然辩证法研究，2014（10）：41-47.

而述之，虽然“最先进、最深刻的理论可能‘导不出’实用的、巧妙的方法，而源于‘普通理论’甚至经验的启发却可能成为巧妙方法的‘来源’”[1]。鉴于此，“就自身形态而言，方法论是理论，而方法论之所以重要，从实践的观点看，从工程的观点看，不在于它提出了多么深奥的理论，而仅仅在于它是‘方法的方法’，在于它能够使决策者、工程师、管理者、工人和有关人员在面临方法困境、方法难题时，发挥指导和启发主体走出方法困境、解决方法难题的作用”[2]。质言之，在人的诉求与满足的实践中，探寻数据确权与数据资产管理的实践指南，方法论式的理论借鉴先行；若是总结数据确权与数据资产管理的方法实践，则针对方法和方法集进行理论总结优先。

二、技术论：由数据确权与数据资产管理的方法论决定

对于实现数据确权与数据资产管理，有诸多可实践的方法，而且这些方法中包括各种各样的具体技术、技术组织流程与组织架构。虽然这些是数据确权与数据资产管理最终实现的技术支撑、工程架构，但是我们有必要梳理认知，让技术论、方法论和工程论更好地衔接，形成更稳定的数据确权与数据资产管理的技术支撑效益。

（一）技术及技术集与方法及方法集之间的关系

虽然方法与技术有来源等的较大差异，但是它们还是有一个共同的目标，即能解决实际问题。方法是解决实际问题的第一直觉的工具，具有中观层面的解决问题的价值；技术是解决问题的具体措施，具有微观层面的解决问题的价值。但是，如果没有方法可供选择，就很难优选出具体技术进行实际操作。例如，在数据确权与数据资产管理中，对原数据的确权办法就是利用区块链技

[1] 李伯聪．关于方法、工程方法和工程方法论研究的几个问题 [J]. 自然辩证法研究，2014（10）：41-47.

[2] 李伯聪．关于方法、工程方法和工程方法论研究的几个问题 [J]. 自然辩证法研究，2014（10）：41-47.

术对数据加密、在数据中写上产权等信息；而具体的操作技术是数据化记录技术、数据搜集技术、密态技术等。由此可见，技术是具体的操作劳动，而方法是解决问题的实践描述、阐释等知识信息，是指导技术的信息。方法属于信息层面，为解决问题提供指引方向，能够促进技术的发展。技术属于操作层面，开发或利用已有资源处理问题或攻克难题。技术不断发展，相应的方法也不断演进。技术的不断创新、发展会推动相应的方法不断演进和创新发展。例如，随着互联网技术的迅速发展，数据分析方法也在不断改进。通过运用新技术，如大数据分析、人工智能等技术，可以更加准确地分析市场需求，为企业的决策提供有力支持。方法是技术实现的重要信息，优化方法可以提高技术的质量和效率，或者形成新技术。例如，在软件开发领域，通过采用敏捷开发方法可以优化开发流程，提高软件开发的效率和质量。同时，方法不断结合实践优化也可以促进技术的进步、发展，使其更加符合实际需求。技术和方法相互依存，共同促进双方的创新演进与向前发展。一方面，技术的发展需要相应的方法作为支撑；另一方面，方法的改进也离不开技术的发展和总结。

（二）技术及技术论的内涵及三种形态关系

技术到底是什么？狭义的理解就是用体力劳动解决一定意义上的实际问题的全过程总和，包括“问题→操作（发明发现—制作工具—组织操作）→技术呈现”全过程。有人会问，脑力劳动就不解决具体问题吗？诚然，脑力劳动也能解决问题，但脑力劳动解决问题的过程往往是找方法，而方法是需要体力劳动来支撑的。因此，殷瑞钰认为，“技术也是一种特殊的知识体系，现代技术往往是运用科学的原理、科学方法开发出来的设计系统、制造系统、调整运作和监控系统以及各类产品、装备等”[1]。正是基于这样的理解与阐释，李伯聪教授进一步研究后将技术分为三种基本形态：“技术的第一种形态（技术Ⅰ）是发

[1] 殷瑞钰．关于技术创新问题的若干认识 [J]. 中国工程科学，2002，4（9）：38-41.

明者发明、研制出的'样机'、'样品'，我们可以称其为源技术。源技术的出现是发明活动的结果，发明活动的主角是发明者"[1]；"技术的第二种形态是生产技术和商品形态的技术"[2]，"所以，在从技术Ⅰ向技术Ⅱ的转化（即投产）过程中，一般来说是需要设计或装备一定数量，并且是必不可缺的专用设备的，对于生产人员也是必须进行专门的（即特化的）技术培训的"[3]，"'特化'（专门化）是技术Ⅱ的一个突出特点"[4]；"商品被售出后，不再是商品，而成为用户的用品。这时的技术表现为第三种形态的技术"[5]。只有在技术进入生活，成为消费者所使用的技术时，技术才成为"现实"性的技术。[6] 例如，在数据确权与数据资产管理中，以区块链技术助力数据确权登记在一定意义上来看就是技术Ⅰ形态，而数据资产形态化可能是技术Ⅱ，而当数据资产入表可能是第三种形态。当然，在数据确权中，原始自然记录数据是技术Ⅰ形态，技术Ⅰ形态数据聚集是技术Ⅱ，容纳技术Ⅱ形态数据并对其进行安全处理与储存是第三种形态。由此可见，数据技术的三种形态是递进关系，是技术论实践的三个必要步骤或重要环节。

（三）技术与科学的本质关系

"毫无疑问，我们不能把科学与技术割裂开来，不能否认科学和技术的相互影响与相互渗透。但也不能把科学与技术混为一谈，否认二者有本质的区别。实际上，承认科学与技术是'密切联系''相互渗透''相互影响'的，正是以二者各自相对独立为前提的。"[7] 科学与技术的本质关系，"从本质、内容和

---

❶ 李伯聪．技术三态论 [J]. 自然辩证法通讯，1995（4）：26-30.

❷ 李伯聪．技术三态论 [J]. 自然辩证法通讯，1995（4）：26-30.

❸ 李伯聪．技术三态论 [J]. 自然辩证法通讯，1995（4）：26-30.

❹ 李伯聪．技术三态论 [J]. 自然辩证法通讯，1995（4）：26-30.

❺ 李伯聪．技术三态论 [J]. 自然辩证法通讯，1995（4）：26-30.

❻ 李伯聪．技术三态论 [J]. 自然辩证法通讯，1995（4）：26-30.

❼ 李伯聪．试论技术和技术学 [J]. 科研管理，1985（2）：5-9.

形态来看，自然科学是人类对客观自然界的认识活动，人类只能发现、反映而不能‘创造’自然规律；另一方面，从整体来看，离开‘创造’和‘制造’就无技术可言。技术的主要形态是物化，同时也表现为知识形态；而科学成果基本上是知识形态”[1]。也就是说，科学研究输出知识，技术研究输入实践操作技能，且是由科学研究提供的可应用技能；同时，科学和技术的进步会带来社会的整体变化，科学与技术是辩证统一的关系，科学中有技术、技术中有科学。但是，二者的目的和任务不同，科学的目的和任务在于认识和揭示客观世界的本质和规律，侧重于回答自然现象“是什么”“为什么”和“能不能”的问题；技术的目的和任务在于对客观世界的控制、利用和改造，以发明世界上还没有的东西，设计便捷应用的工具，侧重于回答社会实践中“做什么”“怎么做”及“有什么用”等问题。

一方面，科学促进技术发展。科学是旨在探索自然界的现象和规律的知识体系，而技术则是将科学知识应用于实际问题的操作技能和工具。科学促进技术发展的主要体现有以下方面。首先，科学理论的发展为技术进步提供了基础。科学知识的积累和研究方法的创新为技术研发提供了理论支持和技术指导，推动了技术的不断进步。其次，科学研究为技术研发提供了新的实践思路和方向。科学家对自然界和人类社会的深入研究不仅揭示许多潜在的技术应用点，而且提出新的技术研发方向和目标。最后，科学对技术的推动作用还表现在对技术成果的评估和优化。科学方法提供一种客观、严谨的评估手段，帮助人们对技术成果进行验证和改进，使技术更加完善和高效。

另一方面，技术推动科学研究。技术不仅受益于科学的推动，而且对科学产生积极的反馈作用。第一，技术创新为科学研究提供了新的工具和方法。例如，现代人工智能和大数据技术的发展不仅为科学家提供了前所未有的研究手段，而且增加科学研究的深度和广度。第二，技术进步推动科学理论的

[1] 李伯聪．试论技术和技术学 [J]. 科研管理，1985（2）：5-9.

创新和发展。技术的实际应用往往会揭示科学理论上的不足和缺陷，从而推动科学家们进行更深层次的研究和探索，推动科学理论的守正与创新发展。第三，技术应用带来的实际问题为科学研究提供新的研究领域和课题。随着技术的广泛应用，人们逐渐发现许多实际问题的解决需要新的科学理论和科学方法，从而推动科学研究的深入发展。第四，科学与技术在许多方面都存在紧密的关系。科学的发展推动技术的发展，技术的发展又反过来促进科学研究的发展。这种共同进步的关系使得科学与技术在发展过程中形成了相互依存的命运共同体。

总之，科学与技术的共同进步关系也为人类社会的进步提供强大的支持。科学家与发明家不同，前者是科学活动的主体，后者是技术活动的主体。

第三节　技术与工程的有机统一维度

技术与工程的有机统一维度是科学技术哲学视野下数据确权与数据资产管理实现高质量实践应用的保障和良策。因为只有坚持从技术与工程的有机统一维度探索解决数据确权与数据资产管理的突出问题、短板与融合实现痛点，并提炼成方法论、技术集、知识集，以及如何综合组织架构、如何形成全面的综合治理体系的可实践范式，才能保障数据确权与数据资产管理技术和工程的有机统一。

一、技术论是工程论的重要支撑

数据确权与数据资产管理本质上是一项重大、复杂的系统性工程，不仅要有若干技术和技术集支撑，而且有若干子系统及子工程协同运行，否则难以保障数据确权与数据资产管理运行的有序化、衔接的无痛化、效益的福利化、结果的实惠化。正如前述的数据确权与数据资产管理的价值论，数据确权与数

据资产管理必然有其工程论，“从技术观点出发来看工程，会认识到工程是技术的集成体，技术知识、技术方法、技术手段、技术设备是工程活动的必不可少的前提和基础”[1]，而工程论是在分析、概括、总结各种各样具体工程的基础上形成的理论概括与理论认识，包含工程本体论、工程方法论和工程知识论。技术论是各种各样具体的技术理论、技术原理和技术操作等理论范式与实践范式。

（一）技术理论范式：技术解决具体问题的科学性、可行性是工程论建构的逻辑起点和价值起点

在数据确权与数据资产管理的工程构建中，工程师们往往主要考虑的是用何种具体的技术、技术是什么、有何科学性和可行性等问题，当这些问题都能得以满意地合乎要求时，就要组织这种能解决问题的具体技术进行工程组织架构，形成系统的解决问题的工程办法和工程运行流程，否则如果技术的可行性不够，工程构建就必然不会考虑将这些技术纳入系统工程，而是更换另一种可行性和科学性相契合的相关技术来保障工程系统正常运行。可见，工程离不开技术。工程是对技术的应用，是将科学原理转化为实际生产和生活中的产品和服务。没有技术的支持，工程就无法实现，如建筑工程需要建筑设计、结构设计、材料选择等技术支持，机械工程需要机械设计、制造、维护等技术支持，电子工程需要电子设计、电路设计、软件开发等技术支持。因此，工程和技术是相辅相成的。

技术推动工程的发展。随着科技的不断进步，新的技术不断涌现，这些技术的应用推动了工程的发展。例如，计算机技术的发展促进了信息技术的应用，使得工程设计、生产、管理等方面都得到了极大的改善。又如，新材料、新能源、智能制造等技术的应用，使工程的效率、质量、安全等方面都得到一

---

[1] 殷瑞钰，李伯聪．关于工程本体论的认识 [J]. 自然辩证法研究，2013，29（7）：43-48.

定程度提高。因此，技术是工程发展的重要推动力，是高质量工程的前提与保障。

综上所述，解决具体问题的科学性、可行性的技术理论范式是工程论建构的逻辑起点和价值起点。

（二）技术实践范式：技术解决具体问题的操作性、实效性是工程论构建的价值选择和根本考虑

在数据确权与数据资产管理的具体工程组织架构中，工程师们首要考虑的是什么样的操作方式、方法能解决什么样的技术难题和困难，并在这种具体实践操作中综合权衡选择工程组织架构。不同的具体实践操作方式方法、工程进度、工程诉求实效、施工场景场地等可能需要不同的工程范式处理和组织架构，否则不能保证工程系统的运行衔接力、运行效率和目标达成。由此可见，工程是指运用科学技术原理和方法将原材料转化为产品或服务的一系列技术转化过程。工程的核心价值问题是改造世界的目的是什么。而这一目的体现在被改造的对象和改造得出的成果上。从这一点来看，技术是指将现有技术应用到具体的领域和场景中，以切实解决一些材料转化的具体操作总和，如数据储存技术就是将数据等信息原材料以一定工具输入数据存储设备的全过程，这个过程实际上是以一定工具将信息原材料转化为“0”和“1”的信息导入可信任的安全性高、存储空间大的磁盘，并以“0”和“1”的信息形态进行记录。而工程实践是指在具体的工程中利用技术手段和方法解决实际问题和困难，如数据储存工程实际上是数据搜集技术、实物信息化技术、数据读取技术与数据磁化技术、数据导入复制技术等一体化组装集成的全过程。由此可见，技术应用与工程实践的结合既能提高工程的效率和质量，又能推动技术的发展和创新。

综上所述，解决具体问题的操作性、实效性的技术实践范式是工程论构建的价值选择和根本考虑。

二、工程论是技术论的重要统帅

从一定形式上说，数据确权与数据资产管理的工程活动是由其系统内部的具体技术决定的，如技术的特性和应用的工程方法策略、技术效度和精度的工程技术规程、技术内涵和原理的工程知识体系等。由此可见，技术的重要统帅是工程系统，且工程与技术之间是辩证统一的关系，既相互独立又相互联系，存在作用与反作用的关系，相互牵连、相互合作，融合为一体化的工程体系。

（一）工程方法策略是技术特性和应用形态的反映

工程方法策略是一系列用于解决特定工程问题的系统化、程序化的方法集合，包括多个方面，如工程的组合结构、流程等策略，工程技术及技术集等方法，工程管理等。工程的组合结构、流程等策略是工程方法策略的核心，它涉及如何进行工程问题解析、工程方案设计、工程实施执行和工程验证评估等内容。工程技术及技术集等方法是工程方法策略的重要组成部分，它涉及实现工程目标的具体技术手段和操作流程等方法，如在数据价值分析中可以采用不同的价值算法实现数据价值分析与估值，还有多种价值算法，如先后与交叉的组织结构流程与实践方法。工程管理是工程方法策略中的重要因素，如在数据确权中有数据认证工程管理和数据资产管理等。在具体实践中，工程方法策略需要结合具体的工程项目情况进行具体分析和组合应用，如在开展一串数据确权工程时需要采用数据价值清洗技术、数据价值验证技术、数据价值确权认证技术、数据确权刻录技术及其交叉集成技术等。此外，数据产权结构设计、数据估值算法等也是工程方法策略中的重要因素。总之，工程方法策略是一系列用于解决特定工程问题的系统化、程序化的方法集合，其内容宽泛且具体，在实践中需要根据具体的工程项目情况进行具体细分与设计。

在数据确权与数据资产管理的具体工程活动中，具体实践技术的特性和应用形态制约着工程的设计和方法策略制定。因为具体实践技术是解决的一个个具体问题串成的解决问题的系统，这是工程系统的灵魂设计。例如，数据确权与数据资产管理中的加密技术从理论上说是一种数据形态通过密码学方法转换成另一种加密的数据形态，实际上是将需要加密的数据转换成被加密的数据形态后被纳入数据加工分析与应用。但是，这不是数学中简单的数字加法，是密码学的不容易发现性和不容易计算的隐蔽性技术特性的应用。仅从加密技术来看，这一技术的特性只是实现了不可直接获取原来数据中的信息或知识而已，但是这种技术的应用形态能保护原来数据形态中的信息或知识不被轻易泄露。因此，在数据确权与数据资产管理中，要用这种具体实践技术特性和应用形态让数据加密后不容易被非合法主体使用、支配和占有。正因如此，数据确权与数据资产管理可以在这种加密技术上制定相应的工程策略，如设计数据加密的流程和技术处理的系统，包括加密技术处理所需要的条件、时间和空间。由此可见，工程方法策略是技术特性和应用形态的综合反映。

（二）工程技术规程是技术效度和精度的具体表现

工程技术是一种实用技术，是将科学知识或技术发展的研究成果运用于工业生产过程，以达到改造自然的预定目的的手段和方法。工程技术也是一种统称，包含材料、设备、工艺、化工、电气、电子、计算机等各种技术的实践。在工程技术的实践中，人们常常需要综合考虑各种因素，如环境、经济、社会等，以确保工程项目的可行性和顺利实施。因此，工程技术不仅涉及技术知识，还涉及技术管理、技术经济等方面的知识体系和实践操作。与科学技术相比，工程技术更注重实际应用，它是科学技术转化为生产力的桥梁和纽带。可以说，工程技术是工程行业的技术支撑和基础。同时，工程技术的发展推动科学技术的发展，为人类创造了诸多物质财富和文明。

在数据确权与数据资产管理的具体工程活动中，技术的效度决定工程技术规程的严谨度；技术的精度决定工程技术规程的可参考性和可操作性。例如，

数据确权与数据资产管理中确权环节的时间刻录与储存技术，从技术本身来看，实际上是将数据确权的时间记录下来，并标签化贴在被确权数据里成为一体，然后放入数据中心储存。但是，时间刻录与储存技术的效度是让确权数据拥有时间上的确权效应，即权益，表明相同数据的产权信息不容侵犯；时间刻录与储存技术的精度就是能区别相似数据确权的差异，甚至相同部分的溯源追责，特别是产权的分配及分配比重问题的厘清。由此可见，技术效度和精度的具体实践表现是工程技术规程。值得注意的是，虽然工程技术规程在具体实践中有一定的设计灵活性，但是关键和核心决定因素是具体技术的效度和精度。

（三）工程知识体系是技术内涵和原理的抽象结晶

工程知识是关于如何进行工程设计、工程施工和工程验收评估的知识，涉及多个学科和领域，如物理、化学、数学、计算机科学等。在数据确权与数据资产管理工程实践中，工程师需要具备这些知识和技能，以便进行有效的工程设计和施工、选择合适的材料和制造工艺、实施有效的项目管理、遵守法律法规、保障安全和环保、推动技术和创新的发展。

在数据确权与数据资产管理的具体工程活动中，具体实践技术的科学内涵和运行原理实际上是工程知识体系的主要或核心内容。例如，数据确权与数据资产管理中的数据通信技术，从技术本身来看只是实现了数据的传输而已，但是在实践中数据通信技术的运行原理“信源⟷信道⟷信宿”，能让结构化的数据和非结构化的数据在“信源”这个环节转换成能传输的统一“信息”形态，并通过“信道”快速传输到“信宿”，以及让收到“信息”的“信宿”知晓信息并迅速驱动数据处理和回复信息，即又将收到的“信息”通过“信道”反馈给“信源”。技术如此循环往复运行，虽然其原理不是工程系统本身的内容，但是它是工程系统得以成立的知识体系，也是工程师们学习对大脑中的工程知识的具体应用。因此，工程知识体系是技术内涵和原理的抽象结晶，是技术内涵和原理的魅力所在。

第四节　数聚与智能的有机统一维度

数聚与智能的有机统一维度是科学技术哲学视野下数据确权与数据资产管理实现高质量实践应用的创新发展动能。因为只有坚持从数聚与智能的有机统一维度探索解决数据确权与数据资产管理问题，才能从根本上顺应当前的人工智能大数据时代。只有从人工智能技术的视角，以“数据⟷信息⟷知识”的实践范式探索提质数据确权与数据资产管理的数据产业化、智能化等升级发展和融合应用问题，才能保障数据确权与数据资产管理发展成为数聚与智能的有机统一体。

一、数聚技术是智能实现的基础和条件

“数聚”指的是数据汇聚，即将不同来源、不同结构、不同类型的数据融合在一起，使数据能够更加便捷地被使用。数聚技术可以帮助人们更好地利用数据，从而推动数字化经济的发展。例如，数聚易搭 E-Bui 是一个基于数聚易视增加了自由页面设计和流程引擎的低代码数字化应用开发平台，在数据与模型的双驱动下支持以“所见即所得”的方式制作任意个性化的页面，结合可视化的流程配置，可快速搭建各类个性化业务应用系统，极大地减少研发投入、缩短交付周期、降低实施成本。

数聚是海量数据的聚集。只有海量数据的聚集，才能在特定的深度学习系统或算法中以“数据⟷信息⟷知识”的循环运行和“信源⟷信道⟷信宿”的通信传递来形成数据智能体，进而实现智能技术。由此可见，数聚是智能形成的充分必要条件；智能是数聚的产物。当然，必须是海量数据的有算法的聚集，且满足两个运行原理：一个是“数据⟷信息⟷知识”的数据智能

科学运行原理；另一个是“信源⟵⟶信道⟵⟶信宿”的通信传递原理。那么，海量数据聚集到底有哪些技术呢？数聚的前提条件就是数据，有数据才能对人、事、物进行数据化。因此，数聚技术必然包括数据化技术、数据搜（收）集技术、数据清洗技术和数据安全储存技术。

（一）数据化技术：智能技术实现的基础技术中的根本技术

数据化技术是指将连续变化的模拟量转换为离散的数字量的技术，包括数据采集、挖掘、分析等。在大数据时代，数据化技术被广泛应用于各行各业，如金融、医疗、教育等。数据化技术可以帮助人们更好地理解和利用数据，从而推动数字化经济的发展。数据化是一个既简单又复杂的问题。“简单”是说现实中的诸多领域已经在一定程度上实现了数据化；“复杂”是说现实中的诸多领域还未实现数据化。正是基于此，可以说，现实中一定程度地存在数据化的痛点问题。诚然，正是由于契合点和创新点难觅，所以在大数据时代能否应用大数据解决社会活动痛点越来越成为划分社会阶层的一个重要参考因子，甚至已经成为能否成就一番事业的分水岭，成为决定由传统社会发展而来的经济、政治、文化、生态能否实现可持续发展的关键性要素。然而在数据化技术从业者看来，“数字化是通过对连续时空对象进行离散化实现的。在此基础上，对串行的、均匀的、连续的数字比特流进行分割与组合，使之实现时空上的结构化和颗粒化，形成标准化的、开放的、非线性的、通用的数据对象，这个过程就是‘数据化’”[1]。但是，不是所有的人、事、物都可以数据化，数据化还要从基础中的基础积累量。要实现人、事、物的数据化，可以将人、事、物转化成图片化、视频化、文档化、音频化等资料，这样才能让人、事、物的非数据实体变为数据化的形态。当然，有人可能会对这种数据提出疑问，那就是如何区别相同事物的这种数据化。笔者认为，要利用智能科学中的信息技术对人、事、物的物

[1] 姜浩．数据化：由内而外的智能 [M]. 北京：中国传媒大学出版社，2017：17.

理、化学、地理时空位置属性及特殊身份信息进行数据化，这就解决了相同事物之间的区别，其数据化后的数据也能体现这种区别。正因如此，数据化的第一道工序形成，万物数据化是智能技术实现的基础技术中的根本技术。

（二）数据搜（收）集技术保证智能技术实现的基础的数据融通

数据收集技术是指将分散、零星的数据收集起来，整理成可用于分析或决策的数据集的技术。数据收集技术有多种，如调查法，通过问卷、访谈、电话调查等方式收集数据；观察法通过观察被研究对象的行为、环境等收集数据；实验法通过控制实验条件收集数据，以确定因果关系；文献法通过查阅书籍、期刊、报纸、文件等资料收集数据；计算机辅助方法通过计算机技术收集、整理、分析数据，如数据挖掘、网络爬虫等；实地调研法通过实地走访、实地考察等方式收集数据。这些技术各有优劣，应根据具体需求和情况选择合适的数据收集技术。

这里的数据搜（收）集技术至少包含三个层面的具体技术。一是数据搜集技术。这种技术具有一种技术上的强硬性和先进性，不管数据产权人知晓与否、同意与否，只要有搜集数据的需要，就有搜集数据的能力，时刻能实现海量数据聚集。二是数据收集技术，它是一种将提交数据收集储存起来的安全储存技术，好像没有特殊之处，但是能收集储存和安全储存本身就是重要的技术，特别是海量数据的安全储存技术，不仅需要储存空间，还需要安全保护能力及运行维护的能力。三是数据产权人同意数据被搜（收）集，但是储存方要具有如何让对方的数据流入数据安全管理中心以安全储存的技术，即融汇的技术或融通的技术。这需要被搜（收）集的数据与数据安全储存中心有一个连接的接口，这个接口是一种智能终端，它具备数据通信技术，让海量结构化和非结构化的数据转化为能传输的统一形态的“信息数据”，再通过特殊“信道”传递。由此可见，三种数据搜（收）集技术保证智能技术实现的基础的数据融通。

（三）数据清洗技术：智能技术实现价值与效益相统一的前提技术

数据清洗技术是指利用相关技术（如数理统计、数据挖掘或预定义）的清理规则，将“脏数据”“噪声数据”转化为满足数据质量要求的数据的技术。这种技术主要包括错误数据的清除、缺失数据的修复、重复数据的检测和去重等。总之，数据清洗是数据预处理的重要步骤，可以帮助提高数据的质量和准确性，从而使得数据分析结果更加可靠。

在数据确权与数据资产管理中，搜（收）集的确权数据和资产化流通数据都是要被清洗过滤的，清洗的目的是让数据真实，没有“假大空”的数据，保证数据确权与数据资产管理的真实性、效益性和价值性，否则任何一个环节的“噪声数据”“虚假数据”“向恶数据”等都只会增加数据确权与数据资产管理的成本、难度、运行质量及效益。例如，在一些房地产客户信息的数据交易中，某些房地产开发公司为使数据更多、交易收益更大，可能会将一些时间较久的楼盘客户数据及从其他渠道流入的数据、一些虚假客户数据聚集起来形成“超级大数据”卖给一些装修公司、销售公司等，这些公司购买数据后会按照某一楼盘的供给数据进行数据清洗，清除一些暂无价值的数据。这个过程就是数据清洗过程，是数据清洗技术的操作过程。由此可见，数据清洗技术是智能技术实现价值与效益相统一的前提技术，是提高效益的必要技术。

（四）数据安全储存技术：智能技术实现的资源平台技术和基础安全保障技术

数据安全储存技术是指一系列用于保护数据安全的技术和方法，包括数据加密、数据分区、存储区域网络和分布式存储等技术。数据加密是一种将数据进行加密编码，以防止未授权者访问或篡改数据的技术。数据加密可以采用对称加密算法或非对称加密算法。数据分区是指将数据分散存储在不同的磁盘或节点上，以提高数据存储的可靠性和安全性的技术，包括通过数据分散存储可以一定程度降低由于单个设备故障造成数据丢失风险的技术。存储区域网络是一种将多个存储设备通过网络连接起来形成一个虚拟的存储池，使得多个服务器可以共享存储设备中的数据的互联式存储技术。存储区域网络可以提高存储设备的利用率，也可以提高数据的可靠性和安全性。分布式存储是一种将数据存储在多个节点上的技术，可以提高数据存储的可扩展性和可靠性。分布式存储通过将数据分散存储在不同的节点上，可以一定程度降低由于单个节点故障导致的数据丢失风险。数据备份是指将数据存储在另一个地方，以防止主要存储设备出现问题时数据丢失。数据恢复是指当数据全部或部分丢失时通过备份或其他方式恢复数据的技术。

在数据确权与数据资产管理中，有海量的数据需要安全储存。一方面，需要有足够大的时空来储存。像人们平常使用的U盘，它的储存时空是有限的，而海量的确权数据与资产管理数据需要更大的时空来储存。这就需要通过研发增大储存时空实现数据储存。另一方面，需要安全技术实现数据的安全储存，否则数据可能被搜集、流出并被其他方面使用和收益。如果数据确权与数据资产管理没有权威性、价值保障性，那么整个工程就化为虚幻的泡影。由此可见，数据安全储存技术是智能技术实现的资源平台技术和基础安全保障技术，不可或缺，必须被高度重视。

二、智能技术是数聚的必然结果

真正的“智能”是什么？目前，学界一致认为智能还是难以说清的。特别是随着人工智能的仿人演进发展，学界还是认为“最具权威性的图灵测试”在一定程度上是其判断标准。例如，学界研究提出诸多设想与测试，其中包括有学者对图灵测试进行分层级并用于论证智能测试，如表 3-2 所示。

表 3-2 人工智能的六个层级❶

智能层级	是否通过图灵测试
Ⅰ：工程智能	通常不提出这一层级
Ⅱ：非对称修复装置	通过了要求不高的图灵测试
Ⅲ：对称的文化消费者	通过高要求的图灵测试
Ⅳ：挑战人性的文化消费者	通过高要求的图灵测试
Ⅴ：自主的类人社会	通过高要求的图灵测试
Ⅵ：自主的结盟社会	不知道如何进行相关图灵测试

注：当前人工智能正试图从Ⅰ、Ⅱ层级发展进入后面的层级。

然而现实中有些对智能的判断标准是比较科学、合适的，如只有海量信息数据聚、通、用，且形成“数据⟷信息⟷知识”闭环运行的数据智能体才可能是智能的。因为在激活数据学看来，只有海量数据实现了聚、通、用，才能让数据在信息传递过程中形成感受力和接受力，形成数据模型，发挥数据预测、分析、画像及爆发性功能价值，最终实现智能的目的。“促使人工智能换代的动力既有来自人工智能研究的内部驱动力，也有来自信息环境与社会目标的外部驱动力，两者都很重要，但相比之下，往往后者的动力更加强大。”❷由此可见，数聚的结果必然是智能。数聚必然运用数据智能科学运行原理和通信传递原理协同实现智能。

（一）“数据⟷信息⟷知识”的数据智能科学运行原理

数据智能科学是一门集数据收集、预处理、分析、挖掘、解释、预测与决策、自动化与自我学习等于一体的综合性学科。数据智能科学的主要运行原理可以概括为以下 7 个方面。

1. 数据收集

数据收集是数据智能科学运行的第一步，其任务是搜集、整理和存储用于

❶ 哈里·柯林斯．人工智能科学及其批评 [J]. 国外理论动态，2021（4）：137-146.

❷ 潘云鹤．人工智能要瞄准学科交叉前沿 [N]. 中国科技报，2020-09-09（3）.

数据分析和预测的数据。数据可以从多个渠道获取，如互联网、传感器、数据库等。在数据收集过程中，需要关注数据的质量和可靠性，如数据的准确性、完整性、一致性等。

2. 数据预处理

数据预处理是对数据进行初步加工的过程，其目的是消除数据中的噪声、异常值及其他不稳定因素，从而提高数据质量。数据预处理的方法包括数据清洗、数据转换、数据压缩等。在这个阶段，需要考虑数据的可解释性和可理解性，以便后面的数据分析和挖掘。

3. 数据分析

数据分析是对搜集到的数据进行分类、归纳和综合，从中找出规律和相关性，进而做出决策的过程。数据分析的方法包括统计方法、机器学习算法、数据挖掘技术等。在数据分析过程中，需要考虑数据的可视化展示，以便更好地理解和解释数据分析结果。

4. 数据挖掘

数据挖掘是利用各种算法和模型从大量数据中寻找特征和规律的过程。数据挖掘的方法包括聚类分析、关联规则挖掘、决策树分析等。在这个阶段，需要考虑数据的稀疏性和维度问题，以便挖掘出更准确、更有价值的特征和规律。

5. 数据解释

数据解释是对数据分析结果和数据挖掘结果的解释和说明，以便让用户更好地理解和应用这些结果。数据解释的方法包括可视化解释、规则归纳、自然语言生成等。在这个阶段，需要考虑用户的背景和需求，以便提供更符合用户需求的数据解释。

6. 预测与决策

预测与决策是数据智能科学的重要应用领域，其任务是根据已知数据和规

律预测未来的趋势和行为，并做出相应的决策。预测与决策的方法包括回归分析、时间序列分析、决策树分析等。在这个阶段，需要考虑数据的动态性和不确定性，以便做出更准确、更有价值的预测和决策。

7. 自动化与自我学习

自动化与自我学习是数据智能科学的最终目标，其任务是实现数据的自动化处理和自我学习，以便更好地适应不断变化的环境和需求。自动化与自我学习的方法包括机器学习算法、强化学习算法等。在这个阶段，需要考虑数据的动态性和进化性，以便实现更准确、更有价值的自动化与自我学习。

综上所述，数据智能科学的运行原理主要涵盖数据收集、数据预处理、数据分析、数据挖掘、数据解释、预测与决策、自动化与自我学习等方面。这些主要方面相互衔接，形成一个完整的数据智能科学运行体系与流程，为切实解决实际问题提供强有力的支持。特别是在数据确权与数据资产管理中，海量数据依照“数据⟷信息⟷知识”的数据智能科学运行原理运行，必然出现数聚智能体，且这个数聚智能体按照“信源⟷信道⟷信宿”的通信原理进行信息传递，这个数聚智能体在信息传递中生成感受力和接受力，并且因为这种感受力和接受力要接受“数据⟷信息⟷知识”的洗礼，所以这样的感受力和接受力是有价值导向的，是能预测、感知的。这就是智能的发生学原理。由此可见，在数据确权与数据资产管理中必然有数据聚集、海量数据智能体的产生，必然有数据智能的产生。数聚的结果必然是智能，且数聚按照“数据⟷信息⟷知识”运行必然有智能。

（二）“信源⟷信道⟷信宿”的通信传递原理

通信传递原理是通过信号的传输实现信息传递的。在现代通信中，信号的传输过程包括编码、调制、传输、解调、解码等环节。信号是信息的载体，信息在传输过程中经过编码、调制等过程，被转化为可以通过传输媒介（如有线电缆、无线电波、光纤等）传输的信号。在传输过程中，信号的质量会受到各种因素的影响，如传输距离、信道特性、噪声等。在接收端，需要对接收到的信号进行解码、解调等操作，以还原原始信息。通信的基本目的是在不同地点之间实现信息传递，以传达人们想要传达的内容，帮助人们进行工作、信息交流和交往互动。通信系统由一系列的技术设备和传输媒介组成，可以根据不同的需求选择不同的信号传输方式和技术设备，以满足不同的通信需求。

在数据确权与数据资产管理中，海量的确权数据和数据资产聚集一定级别的数据管理中心，数据按照“数据⟷信息⟷知识”的数据智能科学原理运行，会产生数聚智能体，这个数聚智能体又必然按照“信源⟷信道⟷信宿”的传递方式传递信息，所以数聚智能体就会活化，不仅有感受力和接受力，而且有预测、分析、感知、画像和爆发性驱动能力。这不仅使数聚必然有智能的结果，而且使数聚必然有促进智能演进提质的可能。

第四章　科学技术哲学视野下数据确权与数据资产管理的实现策略

本书第三章从数据确权与数据资产管理的价值与发展、方法与技术、技术与工程、数聚与智能等四个维度的理路构建进行探索、阐释，科学技术哲学视野下数据确权与数据资产管理的实现策略已现端倪。例如，价值观与发展观体现出人和数据资源与数据资产的价值导向和发展方向，意味着数据确权与数据资产管理要有组织设计策略来保障价值导向和发展方向、要有方法论策略来保障落地落实落效，否则个人、社会组织都难以保障实现公平、有序、安全和高质量的数据确权与数据资产管理。技术论和工程论体现出人要对数据资源及数据资产进行保障以实现确权、管理及收益，也就是说人类必须有技术攻关、方法战略和工程建设，还要有组织设计保障、方法论保障。数聚技术与智能技术更是充分展示了组织设计保障的关键作用和核心地位，反映了技术论保障和工程论保障的重要性、紧迫性。为从理论与实践两个方面探索、论证科学技术哲学视野下数据确权与数据资产管理实现和实践的可靠性、科学性、系统性及范式，特地从组织设计策略、方法论策略、实践论策略三个方面论证其实现实践策略。组织设计策略旨在构建一定层级的国家组织机构来保障数据确权与数据资产管理实现有序、安全的运行。方法论策略旨在探索数据确权与数据资产管理落地的流程、方法、知识和技术等系统性问题和组织架构问题。实践论策略旨在讨论数据确权与数据资产管理如何从落地到收益，成为人们的供给产品与服务的问题。

第一节　组织设计策略

从管理学视角来看，“组织设计是对组织系统的整体设计，即按照组织目标在对管理活动进行横向和纵向分工的基础上，通过部门化形成组织框架进行融合”[1]。从工程实践来看，组织设计包括工程组织结构设计、工程组织运行设计和工程造价等，集中地体现组织优势、组织责任和组织担当。组织结构一般指组织结构层级，从科学技术哲学视野下数据确权与数据资产管理的实际诉求、造价成本诉求和工作量来看，应当建立国家级、省级及地市级三级组织结构。因为财力、技术能力和公正力不稳定、不容易调控，所以不建议设置。在数据确权与数据资产管理的工程实践中，组织结构特指数据从搜集到确权，以及从确权到数据资产管理与收益全过程中的重要节点式实践流程结构，如数据确权前的数据搜集、整理、清洗、估值、刻录标记，数据确权中的数据安全储存、数据流通协定与刻录、数据加密等，数据资产管理中的数据融通协定与刻录、数据融通价值估值与收益分配等。通常，这种组织结构是能以一定工程组织图式呈现，处于实践的前端。组织运行主要指以什么方式运行，如程序流程、需要哪些关键技术与能力的人才等。基于科学技术哲学视野下数据确权与数据资产管理的实际，对数据确权与数据资产管理的组织设计中组织运行来说，一是要建立行政化组织结构和层级，对数据确权与数据资产管理组织有序、安全的运行；二是要建立技术化组织的实施步骤和操作规程。结合前文可知，前者是数据确权与数据资产管理的国家主体需要研究决策的组织层级职位、职责等问题，后者是数据确权与数据资产管理实践工程必须考虑的落地操

[1]《管理学》编写组．管理学 [M]. 北京：高等教育出版社，2019：127.

作问题。当前，数据确权与数据资产管理的组织运行至少应考虑两种类型的数据确权。一是要对数据确权前的数据补充数据确权科技力量；二是未来的数据确权直接进行科技确权。第一种数据确权需要对数据进行搜集，并以区块链技术融合形成有区块链保护的数据；第二种是智能终端要自动对原数据进行区块链技术的融合，以及对原数据与其他数据流通进行区块链融合。结合数据的实际情况，特别是防止数据搜集并侵权，考虑科学技术方法的实际，建议当前可在国家层面建设数据确权申报与认证中心、国家数据资产认定与管理中心等组织机构。

一、国家数据确权申报与认证中心

数据确权申报与认证主要是管理和监督数据确权的申报与认证工作，通过确权和认证工作促进数据的合法流通和有效利用，保护数据所有者的权益，推动数据经济的发展。其具体的作用场域包括数据确权申报、数据确权认证、数据确权监督、数据确权法律保护、数据确权信息发布。从组织层级来看，只有国家才能保障数据确权与数据资产管理的安全、有序和结果的臻真、臻善、臻美。

（一）国家数据确权申报与认证中心的组织职能

数据确权首先是要开发并建成一个数据时间刻录与储存湖，让需要确权的数据能在数据湖中被安全存放和受到产权保护。数据时间刻录与储存湖是指人们可以把属于自己的已有的、现实的、独立产权的结构化和非结构化的数据、信息、知识等，包括音频、视频等，以及通过思维、发明、创制的数字智能信息产品、服务及构建理念等，通过申报的方式导入国家管理的数据时间刻录与储存湖，国家通过验审后以区块链技术写上产权信息标签，并保证在数据无损安全的情况下对申报人的数据进行密态保存，当产权人或社会有需要时按照一定合规程序有偿使用，并遵循一定的法律程序，保障权益人的权利。当然，这一过程还包括数据溯源技术的追责监督与管理和数据增值的估算写标签与安全保护。写标签和数据增值估算环节基于区块链技术的时间刻录与密态技术的加密储存。数据确权的申报与认证的完整流程如图 4-1 所示，充分体现了国家数据确权申报与认证中心的组织职能。

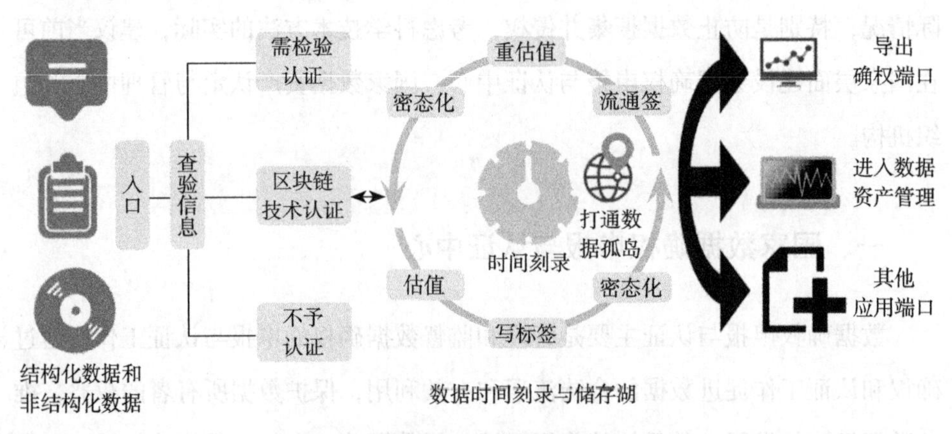

图 4-1　数据确权的申报与认证流程

国家数据确权申报与认证中心的主要组织职能有四项。一是开发一些 App 或国家统一网络平台形成数据确权申报的入口，让人们的数据方便输入、申报确权。二是对经入口输入的申报确权数据进行溯源验审，对原数据进行数据权属确认，并将产权人信息植入原数据，形成受区块链密码保护的产权信息，并能实现在任何流通中读取产权人信息；对非原数据进行溯源厘清数据贡献值，并将数据确权申报人及相关产权纳入流通，达成数据贡献值协定后确定权属。当然，形成区块链密码保护的产权信息植入数据，且保证在任何流通中可读取产权人信息。同时，对验审不能确权的数据不予办理确权。三是打通各行各业数据资源共享共用机制，让数据之间的认证与确权更加便捷和相互验证。四是开展一定程度的数据权属检验、找回、提用等工作。通过上述主要职能，国家数据确权申报与认证中心才能更好地实现职能的分配。

三级数据确权申报与认证中心组织职能的合理分配应考虑其定位、人员配

置、资源投入及与其他相关机构的协作等因素，确保组织职能的合理分工和协同配合，进而提高数据确权和认证工作的效率与质量。具体来说，需要注意以下几个方面。一是数据确权申报。国家数据确权申报与认证中心应负责接收、审核和处理数据确权的申报请求，包括验证数据的来源、完整性、准确性和合法性，确保申报的数据符合相关法规和政策要求。二是数据认证。该中心可以承担对申报的数据进行认证的职责，认证过程应包括技术质量评估、数据质量与价值评估和安全审查等环节，以确保数据的可信度和可靠性。三是数据管理与维护。该中心应负责建立和维护数据管理系统，包括数据目录、元数据、数据标准和数据质量管理等方面工作，还应制定数据存储和备份策略，确保数据的安全性和可用性。四是数据共享与交换。该中心可以促进数据共享和交换机制的建设，包括建立数据共享平台、制定数据交换标准和协议等，以便数据的有效流通和合理利用。五是政策制定与指导。该中心可以参与政策的制定和指导，为相关部门和企事业单位提供数据确权和认证的相关政策指导和技术支持。六是技术研发与创新。该中心可以进行数据确权和认证技术的研发与创新，跟踪数据管理和安全领域的最新技术发展，提供技术咨询和支持，推动数据确权和认证工作的不断完善。七是培训与宣传推广。该中心可以组织培训和宣传活动，提高数据确权和认证的意识、水平，推广相关政策和标准，加强社会各方对数据确权和认证工作的理解与积极支持。

（二）国家数据确权申报与认证中心的组织运行

由国家数据确权申报与认证中心的组织职能可知，其组织运行至少需要以下条件。一是法律知识与素养旨在保证数据确权产权合法化。二是要开发能刻录和储存数据的时间数据湖，至少需要数据储存技术、数据安全维护技术及对数据进行时间刻录和产权信息刻录的技术。三是要开发软件和建立网络平台，至少具有软件开发和网络运营管理等能力。四是对数据溯源与确权管理至少要有区块链技术、数据密态技术及数据验证技术、数据通信技术、数据贡献值算法技术。五是打通数据孤岛至少要有数据融通技术和攻关技术等。总之，目前的人工智能、大数据技术需要有专业人才，至少要有专业律师、程序员、技术员、工程师、管理人员及攻关人员组成团队作战，才能保障组织运行。

作为一个负责数据确权和认证的组织，国家数据确权申报与认证中心的主要任务是管理和监督数据的确权过程，并向数据持有者颁发数据确权证书。因此，该中心可能的组织运行方式应包括以下几个层面。一是组织结构。国家数据确权申报与认证中心可能建立一种组织结构，包括管理层、部门和团队。管理层负责整体领导和决策；部门具有不同的职责，如申报审核、认证评估、技术支持和运营管理等；团队成员负责具体的工作任务和项目执行。二是申报流程。该中心可能制定一套标准的数据确权申报流程，以确保申报过程的透明、公正和规范。申报流程可能包括数据持有者提交申报材料、中心进行初步审核、申请人进一步提供信息和证明、中心进行详细审核和评估、最终颁发数据确权证书等环节。三是认证评估。为了确保数据确权的可信度和准确性，该中心可能进行认证评估。认证评估可能包括对申报材料的审核、数据资产的真实性和完整性的验证、数据确权标准和要求的评估等工作。同时，评估结果将用于决定是否颁发数据确权证书。四是技术支持。该中心可能提供相关的技术支持，以帮助数据持有者进行数据确权申报和认证。技术支持可能包括提供数据确权申报系统或平台、指导申报流程和要求、解答技术问题和提供咨询服务等工作。五是运营管理。该中心可能负责日常的运营管理工作，包括人员管理、预算和资源分配、信息管理和安全、沟通和协调等，还可能与相关部门或机构进行合作，促进数据确权和认证的推广、应用。国家数据确权申报与认证中心的组织运行方式可能会因具体地区的政策、法规和实际情况的不同而不同，只有因地制宜地进行科学调整和改变组织运行，才能真正起到实效。

在组织运行的过程中，数据确权和认证领域的法律、政策可能不够完善或清晰，缺乏明确的指导和规范，因此需要加强政策研究和制定，特别是与相关部门合作修订和完善相关法规、政策，为数据确权和认证提供明确的法律依

据。对于大规模的数据申报，验证数据的来源和准确性也是一个挑战，需要建立严格的数据审核和验证机制，采用技术手段和数据分析工具验证数据的真实性和准确性，并与相关部门、企事业单位建立合作关系，获取数据源的支持和验证。在数据确权和认证过程中，数据的安全和隐私保护至关重要，需要建立严格的数据安全管理制度，加强数据存储和传输的安全措施，采用数据脱敏和加密技术，确保数据的安全性和隐私保护效度。同时，数据确权和认证工作需要不断跟上技术发展的步伐，面对技术挑战和不断创新的需求，加强技术研发和创新能力是重要的工作内容。这需要与高校、研究机构和企业合作，引进先进的技术手段和工具，提高数据确权和认证的效率、质量。当然，数据确权和认证工作需要专业的人员进行管理和操作，但初期可能面临人员培训和专业素质提升的问题，因此需要建立完善的培训计划，提供相关的培训课程和资源，培养和吸引专业人才，提高工作人员的专业素质和技能水平。数据确权和认证工作涉及多个相关部门和单位的通力合作与密切协调，面临合作困难和信息共享的难题，需要建立健全的合作机制，加强沟通与协调的同时，明确各方责任和权益，在共享信息资源的前提下形成工作合力，协同推动数据确权和认证工作得以顺利开展。

（三）数据确权申报与认证的流程

数据确权申报与认证的流程是数据所有者或相关机构将其数据提交给国家数据确权申报与认证中心进行确权认证的一系列步骤和具体操作。由数据确权的理论与实践、价值与技术的要求可知，数据确权申报与认证需要通过如图4-1所示流程。其具体步骤大体如下：一是准备材料。数据所有者或机构需要提供相关的材料，如数据来源、数据类型、数据格式、数据用途等信息，同时需要提供相关的证明文件，如数据采集授权书、数据使用协议等。二是提交申请。将准备好的材料提交至数据确权认证机构，如国家数据管理部门、省级数据管理机构等。通常申请可以在线提交或者线下提交。三是审核材料。数据确权认证机构会对申请材料进行审核，核实申请人提供的信息是否真实有效、是否符合数据确权的相关规定。四是实地调查。如果相关机构认为需要进行实地调查，就会派遣工作人员前往申请人所在的单位或者场所进行调查，核实申请人提供的信息与实际情况是否相符。五是发放数据确权证书。经过审核和实地调查后，认证机构会发放数据确权证书，证书上会注明数据的确权情况、使用范围、使用期限等信息。同时，确权信息要以区块链技术一起刻录到具体数据中。六是定期复审。数据确权认证机构会定期对已经发放的数据确权证书进行复审，以确保数据的确权情况和使用情况符合相关规定。

最后，在进行数据确权申报与认证的过程中需要注意以下事项。一是确定数据所有权。在申报数据确权之前，需要明确数据的所有权，确权通常需要证明对数据拥有合法的所有权或其他合法使用权，涉及合同、协议或其他形式的证明文件，以确保有充分的证据作为支持。二是保护数据隐私。在数据确权的过程中需要采取适当的措施保护数据隐私和安全，如加密、访问控制、数据脱敏等安全措施，确保符合相关的隐私法规，并做到保护数据的机密性和完整性相统一。三是提供准确的申报材料。在申报数据确权时，需提供准确、完整的申报材料，包括申请表、数据说明、数据样本等文件，确保信息的真实、可靠，并符合相关要求。

二、国家数据资产认定与管理中心

国家数据资产认定与管理中心应是一个机构或部门，负责组织和管理组织内的数据资产。它的主要职责是确定和识别组织内拥有的数据资产，并制定相关的管理策略和流程，以确保数据资产的有效管理和保护。数据资产之所以与数据确权相区别，主要是将数据确权与数据资产管理分离，数据确权的行政组织只做专业的数据确权权威认证，而数据资产管理由专业人员认定与经营管理。国家数据资产认定与管理中心的成立是为了推动国家数据资产管理的规范

化和标准化，加强国家数据资产的统筹管理和综合利用，促进数据资源的共享和开放，推动数字中国建设。在国家数据资产认定与管理中心的领导下，各地区和部门将会有更加统一的标准和规范，更好地管理和利用数据资产，为国家的发展提供有力的支持。

（一）国家数据资产认定与管理中心的组织职能

作为系统化的数字机构，国家数据资产认定与管理中心的职能必然包含数据资产认定、数据资产管理、数据安全保护、数据共享与开放、数据价值挖掘等五个层面的主要内容。数据资产认定旨在制定和执行数据资产认定标准，以确定哪些数据被认定为数据资产，并对各个部门、机构和个体的确权数据进行价值评估、信息验证和确权认证，以确保其可靠性、价值性和安全性。数据资产管理旨在管理已认证的数据资产的收集、存储、处理和分发，包括建立和维护中央数据仓库，以确保数据的安全性和可用性，并制定相关政策和流程规范数据的使用、共享。数据安全保护旨在制定和实施数据安全保护措施，包括数据加密、访问控制、安全审计等工作，以防止数据泄露、滥用或损坏。数据共享与开放旨在支持政府部门之间的信息共享和公众对这些数据的访问，制定政策和标准规范数据共享的方式，提供相关的技术支持和指导。数据价值挖掘是通过数据分析和挖掘技术发现和利用国家数据资产认定与管理中心的潜在数据价值，并与各个部门合作，帮助开发数据的潜在价值和爆发性价值，支持一些社会应用、决策制定及社会发展。总之，国家数据资产认定与管理中心的组织职能是建立在其职能范围内，通过高效的手段与能力配合展开。具体的组织范围：一是主要实施国家数据资产制度管理，编制数据资产清单和分类目录，认定和管理国家重点数据资产；二是统筹协调国家数据资产管理工作，指导各地区和各部门开展数据资产管理工作，做好安全储存、安全集聚；三是推广数据资产管理理念和方法，加强数据资产价值评估和利用，促进数据资源共享和开放，对海量数据进行分析加工，并进行数据资产估值与指导性定价；四是组织开展数据资产管理相关的研究和咨询服务，提供技术支持和实习培训，并进行数据资产的营运管理和市场效益清算等。

国家数据资产认定与管理中心组织职能的合理分配具有重要作用，因此结合管理学组织设计理论的“组织设计中期的考量与设计内容”[1]，具体的分配方法及内容建议如下：一是数据资产认定。国家数据资产认定与管理中心应负责对国家各级机关、企事业单位的数据资产进行认定，确定其价值和分类，认定过程应考虑数据的重要性、可用性、价值性和风险性等因素，并确保数据资产的准确性和有效性。二是数据资产管理。国家数据资产认定与管理中心可以制定并推动数据资产管理的规范和标准，包括建立数据资产清单、制定数据分类和指导有关标准化的方法实践，制定数据资产的使用、共享和保护政策等。同时，国家数据资产认定与管理中心还可提供数据资产管理的技术支持和咨询服务，帮助各级机关和企事业单位建立健全数据资产管理体系。三是数据价值评估。国家数据资产认定与管理中心可开展数据价值评估工作，对数据资产进行评估，确定其经济价值和社会价值，评估结果可为政府决策提供参考，帮助优化资源配置和提高数据资产的利用效益。四是数据共享与开放。国家数据资产认定与管理中心可以推动数据的共享与开放，建立数据共享平台和机制，促进各级机关和企事业单位之间的数据交流与合作，还可以制定数据开放的政策和标准，确保数据的安全性和隐私保护。五是数据治理与合规。国家数据资产认定与管理中心还可以参与数据治理和合规的工作，制定相关的规范和流程，确保数据资产的合规性和合法性，还应提供数据治理的培训和指导，帮助各级机关和企事业单位建立健全数据治理体系。

（二）国家数据资产认定与管理中心的组织运行

作为独立的组织机构，国家数据资产认定与管理中心负责国家规划范围内

[1] 吕嵘．组织设计思维导图 [M]．北京：人民邮电出版社，2008：24.

的数据资产认定和管理工作，可能隶属于政府相关部门，或信息技术部门。国家数据资产认定与管理中心要尽可能与其他政府相关部门、行业机构、学术机构和私营企业合作，共同推动数据资产认定与管理的标准及最佳实践范式，还可能包括合作开展项目研究、组织培训和交流活动，进而促进数据资产管理能力的提升。

根据国家数据资产认定与管理中心的组织职能，其组织运行至少包括以下方面。一是资产管理技能。国家数据资产认定与管理中心可能负责制定数据资产管理策略和政策，监督和指导数据资产的管理实践，如数据分类、存储、备份、共享、访问控制、数据质量管理等方面的工作，而且只有经济师资质的技术人员才能从事这类工作。二是对数据资产的价值认定，负责制定数据资产认定的标准和准则，并对各个部门、各组织机构的数据资产进行评估和认定，包括对数据的价值、重要性、可靠性和安全性等方面的评估，而且只有估值师资质的技术人员才能从事此类工作。三是具有数据交易的市场运作技能，协助政府相关部门和机构充分利用数据资产，推动数据驱动决策和创新，促进数据资产的经济价值和社会价值最大化。四是具有劳动管理能力。五是具有通信技术和区块链技术。一方面，维护数据资产安全，协助制定和实施数据安全和隐私保护政策，确保数据资产的安全性和合规性，如制定数据保护措施和数据处理规范、监测数据泄露风险等工作；另一方面，对数据流通、交易等进行技术处理。

国家数据资产认定与管理中心的组织运行涉及多种技能和能力。为确保有效管理和保护国家的数据资产，结合数据资产管理实际，可能需要以下主要技能。一是数据管理和分析。具有数据管理和分析技能，至少要有数据分类、数据质量管理、数据隐私和安全保护等方面的理论知识与实践能力。这些技能可以帮助组织制定有效的数据管理策略和措施。二是法律和合规知识。要掌握相关的法律法规和数据保护法规，如个人信息保护法、数据隐私法等。这将有助于组织确保数据资产的合规性，并采取适当的措施保护敏感信息。

三是信息安全和风险管理。要具备信息安全和风险管理的知识，如风险评估、安全控制和漏洞管理等。这可以帮助组织保护数据资产免受安全威胁和风险。四是数据治理。要熟悉数据治理的原则和实践，如数据所有权、数据生命周期管理、数据共享和访问控制等，才能有助于组织建立健全数据治理框架和流程。五是技术能力。要具备相关的技术能力，如数据库管理、数据备份和恢复、数据存储和处理等技术，才能支持数据资产的有效管理和技术实施。六是项目管理。要具有项目管理技能，如项目规划、执行、监控和交付等方面的知识，才能有助于组织有效地管理数据资产认定与管理相关的项目和任务。七是沟通和协调能力。要具备良好的沟通和协调能力，能够与不同部门和利益相关者进行沟通和协作。这对推动数据资产认定与管理工作的顺利进行至关重要。八是问题解决和决策能力。要具备问题解决和决策能力，能够识别和解决数据资产管理中的问题，并做出明智的决策。这些技能有助于国家数据资产认定与管理中心有效地管理和保护数据资产，确保数据的准确性、完整性和安全性。

在国家数据资产认定与管理中心的组织运行过程中，一是要明确其目标和职责成为首要任务，还要确保各项工作与使命和目标相一致，明确角色和定位，并与相关部门和机构进行合作与协调，避免重复工作或职责模糊。二是建立符合国家数据资产认定与管理中心职能的组织架构，明确各个部门和岗位的职责、权限，确保分工和协作的顺畅进行，合理地配置人员和资源，确保组织结构的高效运作。三是需要制定并推动数据资产认定与管理的规范和标准，包括数据分类、数据准确性、数据安全等方面的规范，确保数据资产管理的一致性、可比性和可持续性。四是要实行数据资产清单制度，如对各级机关和企事业单位的数据资产进行登记和管理，建立数据资产的元数据和目录，使数据的来源、用途和价值一目了然。五是要建立数据资产管理系统，支持数据资产的管理、维护和使用。最后，需要关注数据管理和分析的最新技术发展，与高校、研究机构和企业合作积极引进、应用先进的数据管理和分析技术，建立技

术研发和创新机制，持续提高数据资产认定与管理的效率和质量，以及培养专业的数据管理和分析人才，为国家数据资产认定与管理中心的工作提供必要的技术和专业支持。

三、国家数据时间刻录与储存湖实验室

数据确权与数据资产管理除了需要行政事业单位的组织结构保障之外，还需要实际的技术组织结构保障。技术组织结构保障是指在一个组织中，为了有效地管理和运营技术方面的工作，建立一套合理的组织结构和职责分工，以确保技术团队能够高效地工作并实现组织目标。根据其组织运行的技术要求，结合实际的数据确权与数据资产管理研发应用情况，拟定对一些关键技术、前沿技术和重难点技术进行国家层面的集中攻关。而作为一种数据管理和存储的技术组织架构，数据时间刻录与储存湖旨在有效地处理和存储具有时间维度的数据。其主要目标价值是将数据按照时间顺序进行标签化刻录、组织和存储，以便对数据进行历史分析、趋势分析和时间序列分析，并得到全面科学的认证。

（一）国家数据时间刻录与储存湖实验室的组织职能

作为适用于需要跟踪和分析数据随时间变化的各种场景，如金融交易、传感器数据、日志记录等，数据时间刻录的主要组织职能应包括以下方面。一是时间戳标记。为每个数据点或数据记录添加时间戳，以便准确记录数据的生成或采集时间。二是时间分区。根据时间戳对数据进行分区，可以按照时间范围对数据进行快速检索和查询。三是数据归档。根据数据的时间属性，将旧的或不再频繁访问的数据归档到适当的存储层，以优化存储资源的利用。而数据储存湖作为一个存储大规模、多源、多格式数据的集中式存储系统，其价值目标是为数据科学家、数据分析师和其他数据用户提供一个灵活且可扩展的数据

平台，以便他们能够发现、访问和分析各种类型、来源的大数据。因此，数据时间刻录与储存湖的主要职能范围应有如下方面。一是数据收集。接收、存储和整合来自各种数据源的数据，如传感器数据、日志文件、数据库、外部数据等。二是数据存储。以原始或近原始的形式存储数据，保留数据的完整性和灵活性，而不要求提前定义数据的结构或模式。三是数据管理。提供数据目录和元数据管理功能，可以对存储在数据湖中的数据进行便捷搜索、发现和理解。四是数据处理。支持数据的批量处理和实时处理，以提取、转换和分析数据，满足不同的业务需求。综上所述，数据时间刻录和储存湖在数据确权与数据资产管理中具有重要的技术组织职能，关注数据的时间属性和数据存储、管理等全过程信息，而且这些全过程信息不仅能为数据确权与数据资产管理带来便利，还能为人类在大数据的分析和利用上提供技术资源支持和爆发性价值来源。数据时间刻录与储存湖实验室的核心目标价值是要构建数据确权与数据资产管理的技术组织保障实验室，主要开展数据确权的运行管理、数据验审、数据以区块链技术书写产权标签、数据价值贡献值估算、数据密态技术及数据安全储存等工作。其中，确权数据验审主要是对数据入口输入的数据进行检查，审查是否具有主体产权资格。因此，数据验审应当有不予通过的清单。因为对民众而言“法无禁止可以行”，所以建立数据确权不予验审通过的清单在一定意义上体现了公平、正义，还能保证与人民群众密切沟通的群众路线落实落地，充分彰显为人民服务的立场和态度。结合研究和各方面梳理，拟定该清单至少有两个原则。

一是坚持原数据确权原则。原数据狭义上是指申报人具有独立产权的数据，如原创作品成果等，其中“原”主要指第一次、首创、原始、本来。当然，也有一些不是“原”的含义，但它们也是原创，如姓名，可能有很多人都同名同姓，而对姓名这条数据确权就没有意义，只有这条数据与一些人、事、物结合起来，它才算是“全原数据”。

二是坚持数据估值比重划定产权原则。数据估值的主要工作是对数据进行

估值，但是一般要在应用中才能估算或知晓数据的价值大小。在确权中对数据进行估值，一方面，考量数据的体量的大小，用单位GB来衡量。当然，这就会带来一个问题，那就是大量造假数据申报确权，因此为了公平、正义，数据确权验审环节就要去除非原数据和假数据部分，或不算体量。数据估值所估的就是干净数据、纯数据的净体量。具体方法也简单，在确权中以数据清洗技术处理数据后，告知申报人通过数据验审的净数据体量，由申报人做出确权与非确权行为即可。另一方面，考量数据确权后的流通、交易价值的贡献值，这个值可以影响确权时的估值大小。这样如此循环，数据每一次流通、交易的价值都会影响数据价值的市值，多次循环后数据价值市价就会比较稳定。值得注意的是，确权时的估值与循环后影响的数据价值市值之间有一次较大的差异，之后就趋于平稳。每个人的数据都有这种“波动→稳定”的变化过程和客观规律，也体现了数据确值的公平。最后，确认数据价值估值后，按价值比重进行产权划分，并将产权比重以区块链技术写上标签保存于数据中。

（二）国家数据时间刻录与储存湖实验室的组织运行

数据验审达成产权划分后，就要进入以区块链技术写出时间、产权人信息等工作环节，即要以密态技术呈现不容易暴露数据信息本身的信息形态后按时间顺序归档并流入数据湖储存。对于流入湖中的数据再按是否同意加工进行分析。一方面，对同意加工分析的确权，进行海量数据的聚集，对数据的爆发性价值进行提取，然后以信息产品或信息服务的形式将确权数据市场化，即数据资产化，并根据爆发性价值市场化后的收益对产权进行分配。在整个过程中，收益应当按国家政策由该实验室对代营运增值部分申报缴纳税金。同时，数据产权人的收益也应当按国家政策向税务机关申报个人所得税。另一方面，对不同意加工分析的确权数据应当施以静态管理，保障数据安全“储蓄”。之所以称为保障“储蓄”，是因为对不同意加工分析的确权数据提供保护，这样的数据在国家层面的一些数据溯源和数据验证中还是有积极作用价值，因此不仅要保障其安全储存，而且是不能收取储存费用的有保障力的储存。

国家数据时间刻录与储存湖实验室在组织运行过程中需要的常用技能有以下几个方面。一是数据管理和存储技术。清楚并熟练掌握各种数据管理和存储技术，如大数据存储系统、分布式文件系统、云存储等，熟练掌握数据存储的最佳实践操作和技术实践，以确保高效、可靠的数据存储和访问。二是数据分析和挖掘。具备数据分析和挖掘的技能，如数据清洗、数据建模、数据可视化等。这些技能不仅有助于从大规模数据湖中提取有用的信息和洞察，进而支持实验室的研究和分析工作，还能让数据信息活跃起来，形成数聚智能体，实现数智化。三是大数据处理和计算。具备大数据处理和计算的技术能力，如分布式计算框架、数据流处理和并行计算等。这些技能可用于处理和分析大规模数据集，实现高性能的数据处理和计算能力。四是数据安全和隐私保护。熟练掌握数据安全和隐私保护的原则、方法，如数据加密、访问控制、身份认证等，特别是在组织运行中，保护数据的安全性和隐私性是至关重要的工作，是涉及敏感信息安全性和国家公信力的工作。五是项目管理。具备项目管理的能力，能够规划、执行和监控实验室的项目、任务，如制订项目计划、资源管理、风险评估等，以确保项目按时交付并达到预期目标。六是跨学科合作。具备跨学科合作和沟通能力，能够与不同领域的研究人员和技术专家进行有效的合作。数据时间刻录与储存湖实验室可能需要与数据科学家、计算机科学家、各领域有关专家等紧密合作，以推动创新研究和场景应用。七是解决问题和创新能力。具备解决问题、深入分析问题和创新解决问题的能力，才能面对挑战并抓住危中之机，进而提出可行性与可靠性相结合的新的解决方案。特别是在数据时间刻录与储存湖的组织运行中，可能会遇到技术难题和复杂的数据管理挑战，这时需要具备解决问题和创新的能力，才能攻无不克、战无不胜。当然，具体的技能对策可能要根据该实验室的具体任务、目标和组织结构而有不同选择、组合和使用。

在组织运行数据时间刻录与数据储存湖工作中，需要注意以下工作中的

重、难点问题。一是数据质量管理。需要确保在数据时间刻录与数据储存湖中维护高质量的数据，包括验证数据的准确性、完整性和一致性，采取数据质量控制措施，如数据清洗、去重和验证，以减少错误数据和异常数据对分析结果的影响。二是数据安全和隐私。需要采取适当的安全措施保护数据的安全和隐私，如数据加密、访问控制、身份验证和授权机制等，确保只有授权的人员可以访问敏感数据，并遵守相关的数据隐私法规。三是数据采集和集成。需要确保数据时间刻录与数据储存湖能够有效地接收和集成来自各种数据源的数据，考虑数据采集的自动化和实时性，以便及时捕获和整合数据。同时，需要确保数据集成过程的可靠性和稳定性，以避免数据丢失或损坏。四是元数据管理。需要建立有效的元数据管理策略，对数据进行分类、描述和标记。元数据可帮助用户理解数据的含义、来源和质量，以及数据的结构和关系，因此需要确保元数据的准确性和及时性，以提高数据的可发现性和可理解性。五是数据访问和查询。需要提供适当的数据访问和查询接口，以满足用户对数据的需求，如支持结构化查询语言和非结构化查询语言（如搜索引擎）的工具和接口、考虑性能优化和数据分区，以提高查询效率、缩短响应时间。六是数据治理和合规性。需要建立数据治理框架，确保数据时间刻录与数据储存湖的运行符合合规性要求，如数据保留政策、数据访问审计、合规性检查和报告等措施，以确保在数据管理过程中遵守适用的法规和行业标准。七是监控和维护。需要建立监控机制，定期检查数据时间刻录与数据储存湖的运行状态，监控数据流、存储容量、性能指标和数据质量指标等，及时发现和解决潜在的问题。八是培训和支持。为组织内的用户提供培训和支持，使其能够有效地使用和利用数据时间刻录与数据储存湖，并提供技术支持和培训资源，帮助用户理解系统的功能和操作方法，实现数据分析和查询的有效实践指导。

综上所述，数据时间刻录与数据储存湖组织运行时，需要关注数据质量管理、数据安全和隐私、数据采集和集成、元数据管理、数据访问和查询、数据治理和合规性、监控和维护及培训和支持等方面的事务性工作。这些事务性工作既有助于确保数据的可用性、完整性、安全性和可信度，又能为人类社会对数据分析和决策参考提供高质量供给。

四、国家数据密态技术实验室

建立国家数据密态技术实验室，是因为“《中华人民共和国网络安全法》《中华人民共和国数据安全法》《中华人民共和国个人信息保护法》等都明确规定数据的持有者必须确保所持有数据的安全，并且对数据的使用进行了严格的限制。在大部分场景下，除了匿名化之后的数据或者已经取得用户授权的数据，是不允许任意流通的。在这种情况下，密态流通无疑是最好的选择，能够更好地控制数据的使用和流通范围”[1]。而作为一种加密技术数据密态技术，旨在对数据进行加密处理，同时保持数据在加密状态下的计算可行性，允许在加密数据上执行计算操作，而无须解密数据。这种特性对于保护敏感数据的隐私和安全性非常重要。该技术的应用非常广泛，特别是在保护敏感数据的同时，进行数据共享和数据分析显得尤其重要。例如，在医疗领域，医院可以使用数据密态技术对患者的隐私数据进行加密，然后与其他研究机构共享加密数据进行医学研究，而无须暴露患者的个人身份和敏感信息。

国家数据密态技术实验室的主要目的是在不暴露敏感数据的情况下进行计算操作。该技术通过运用特定的加密算法和协议，可以在加密数据上执行各种操作，如搜索、排序、聚合、计算，而不需要解密数据本身。这种方法可以在保护数据隐私的同时，提供数据分析和计算的功能。常见的数据密态技术有同态加密、安全多方计算和功能外包等。这些技术利用复杂的数学算法和密码学原理，以实现在加密数据上进行计算的功能。目前，主要有两项技术：一是匿名化技术；二是隐私计算技术。匿名化是指个人信息经过处理无法识别特定自

---

[1] 韦韬，潘无穷，李婷婷，等.可信隐私计算：破解数据密态时代“技术困局”[J].信息通信技术与政策，2022（5）：15-24.

然人且不能复原的过程；“隐私计算技术是指多个参与方在不泄露自己数据的情况下进行联合计算的技术”[1]。正因如此，学术界较普遍地称其为“可信密态计算”（Trusted-Environment-Based Cryptographic Computing，TECC）。需要注意的是，成立国家数据密态技术实验室是要治理一个复杂而特定的领域，这需要深入的专业知识和技术能力以正确开展和利用。同时，数据密态技术也有一些限制性能，因此在实际应用中需要综合权衡和选择适合的技术方案。

（一）国家数据密态技术实验室的组织职能

从数据确权的技术要求来看，数据密态技术的主要目的是“保障数据产权人利益不受损的前提下可以实现数据流通和数据交易及数据加工”。“TECC 的一个主要特征是可信执行环境里运行的是密态数据。为了充足的安全余量，建议搭配全栈可信（TPM + 外壳防拆）技术，形成全栈可信、TEE（可信执行环境）、密态程序三层防御。这三层不是简单地累加，TECC 的安全特性可以克服全栈可信、TEE 的主要缺陷。另一个主要特征是多个可信执行环境运行在高速网（内网）中。”[2]

国家数据密态技术实验室的组织职能通常涉及以下方面。一是研究和开发。负责组织开展数据密态技术的研究和场景工作，如探索新的算法、协议和技术，以实现加密数据算力提升。同时，组织以密码学、数学、计算机科学等领域的专业知识和技术能力进行交叉集成研究与应用活动。二是技术实施和部署。负责组织将数据密态技术应用于实际场景，如设计和实现加密方案、开发相关的软件和系统，以及部署和集成数据密态技术实践在现有数据处理和分析环境中的应用。三是安全和隐私保护。组织致力于确保数据在加密和处理过程

[1] 韦韬，潘无穷，李婷婷，等．可信隐私计算：破解数据密态时代“技术困局”[J]. 信息通信技术与政策，2022（5）：15-24.

[2] 韦韬，潘无穷，李婷婷，等．可信隐私计算：破解数据密态时代“技术困局”[J]. 信息通信技术与政策，2022（5）：15-24.

中的安全性与隐私保护。这可能包括评估和解决潜在的安全风险、设计和实施访问控制与身份验证机制，以及确保数据在计算过程中的保密性和完整性。四是业务咨询和解决方案。组织可能提供的数据密态技术方面的咨询服务，为客户提供解决方案和建议，以应对数据隐私安全的风险和挑战。这可能涉及规程化的加密方案、数据共享和合作的机制构建及其在特定行业或领域中的应用指导。五是培训和意识提升。组织可能提供的培训和教育活动，以提高对数据密态技术的理解和应用推广能力，如举办研讨会、培训课程和推广活动，以帮助组织和个人掌握数据密态技术的概念、原理和可实践操作等。六是合作与标准制定。组织可能积极参与行业合作和标准制定工作，与其他组织和机构共同推动数据密态技术的发展和应用，如参与标准化组织、行业协会和研究机构，共同构建和推广数据密态技术的最佳实践理路和标准体系建设。

数据密态技术组织职能的合理分配往往需要建立各个职能部门之间的协调与配合机制，从根本上提升数据密态技术的高效应用，并高质量保障组织的数据安全性与隐私保护力度，因此需要按照以下主要方法及必要策略进行合理分配。一是策略规划与决策。需要全面制定数据密态技术的策略规划和决策，如确定技术的价值目标与发展方向、评估技术的可行性和潜在风险研判、制定相关政策和指导方针。二是技术研究与开发。负责开展数据密态技术的研究与开发应用工作，探索新的加密算法、密钥管理方案和数据保护技术，以满足组织对数据安全和隐私保护的需求。三是架构设计与实施。负责设计和实施数据密态技术的系统架构和运行方案，如数据加密、数据脱敏、访问控制和密钥管理等，确保技术的可扩展性、可靠性和高效性。四是安全保障与审计。负责数据密态技术的安全保障工作，如漏洞管理、安全策略制定、入侵检测和突发事件响应等，并进行安全审计和风险评估，及时发现和应对潜在的安全威胁。五是项目管理与协调。负责数据密态技术项目的管理和协调工作，如项目规划、资源调配、进度控制和风险管理等工作，确保项目的顺利进行和达到预期的效果。六是培训与支持。负责组织内部的数据密态技术培训和支持，提供相关技

术指导和解决方案，确保组织内部的人员具备必要的技术能力，实现能够正确使用和维护数据密态技术。七是合规性与法律事务。负责确保数据密态技术的合规性和法律事务，如个人隐私保护法规的遵守、数据跨境传输的合规性等工作，与法律部门合作，确保组织在数据处理和保护方面符合相关法律法规的要求。八是外部合作与创新。负责与外部合作伙伴、技术供应商和研究机构合作、交流，获取最新的数据密态技术动态和创新成果，推动组织在数据密态技术领域的再发展和再创新。

（二）国家数据密态技术实验室的组织运行

国家数据密态技术实验室在组织运行数据密态技术时，应当综合考虑数据分类、加密、访问控制、密钥管理、监控和审计、教育培训和意识提高及合规性把关等，以确保数据的安全和隐私得到有效保护。其组织运行主要遵循以下步骤。一是数据分类和标记。首先需要对数据进行分类和标记，以确定哪些数据是敏感的，需要进行密态处理的，可以根据数据的敏感性级别、法规要求和业务需求分类确定。二是加密和解密。对于敏感数据，国家数据密态技术实验室要采用适当的加密算法和方法进行加密处理，确保数据在存储、传输和处理过程中，即使被未经授权的人员或系统访问，也无法解读或利用。确权数据流入数据时间刻录与储存湖后要可实现数据拆分，形成多个密态分量，并将若干分量分散加密储存。三是访问控制。数据密态技术需要建立严格的访问控制策略，确保只有经过授权的用户或系统可以访问加密数据，可以通过身份验证、授权和权限管理等方式实现，还应制定清晰的访问政策，采用适当的技术工具管理和执行这些策略。虽然每个储存节点只有少量密态分量，但要通过密码协议完成目标计算。四是密钥管理。密钥是数据加密和解密的核心。国家数据密态技术实验室需要建立安全的密钥管理策略，包括生成、存储、分发和轮换密钥的过程。同时，密钥应该受到严格的保护，只有被授权的人员，才能访问和使用密钥。各储存节点受到可信执行环境、可信计算平台模块、全栈可信保护，产权者和营运者、有关组织机构均无法窥探。五是监控和审计。国家数据密态技术实验室应当采取监控和审计的机制，跟踪对密态数据的访问和使用情况。这可以帮助发现潜在的安全风险和违规行为，并及时采取措施进行响应和修复，即密码协议的同一角色可由一个节点分区集群处理，当然也可并行加速处理[1]。六是教育培训和意识提升。需要为员工组织关于数据密态技术的教育培训和意识提升活动，使他们了解数据保护的重要性、如何正确处理和使用加密数据。七是合规性和法规要求。在国家数据密态技术实验室中组织实施数据密态技术时，需要考虑适用的法规要求和合规性标准，如《通用数据保护条例》等，应确保数据处理和保护措施符合相关法规的规定。

国家数据密态技术实验室在具体的组织运行过程中至少需要具有以下主要技能。一是密码学知识。具备密码学的基础知识，包括对对称加密、非对称加密、哈希函数、数字签名等密码学算法和协议的理解。对数据密态技术实验室而言，深入了解和应用密码学技术是保护数据安全和隐私的关键。二是数据安全和隐私保护。了解数据安全和隐私保护的原则、标准和最佳实践，熟悉数据加密、访问控制、身份认证、数据脱敏等技术，能够设计、实施安全的数据存储、传输和处理方案。三是网络安全。具备网络安全的知识，理解网络攻击和防御技术，熟悉常见的网络安全威胁，如恶意软件、网络钓鱼、拒绝服务攻击等，并能够采取相应的安全措施来保护实验室的数据和系统。四是数据分析和挖掘。具备数据分析和挖掘的技能，如数据预处理、特征提取、模式识别、机器学习等。这些技能有助于对密态数据进行分析和挖掘，从中提取有价值的信息。五是编程和软件开发。具备编程和软件开发的能力，能够编写和维护相关的安全软件、工具，熟悉常用的编程语言和开发框架，能够进行软件开发、测试和调试，以满足实验室的需求。六是项目管理。具备项目管理的能力，能够规划、组织和监控实验室的项目和任务，包括制订项目计划、资源管理、进度

[1] 韦韬，潘无穷，李婷婷，等.可信隐私计算：破解数据密态时代“技术困局”[J].信息通信技术与政策，2022（5）：15-24.

控制等，以确保项目按时交付并达到预期目标。七是跨学科合作。具备跨学科合作和沟通能力，能够与不同领域的研究人员和技术专家进行有效的合作。国家数据密态技术实验室可能需要与密码学专家、网络安全专家、数据科学家等紧密合作，以推动深入研究和深度开发应用工作。八是解决问题和创新能力。只有具备解决问题和创新的能力，才能面对技术挑战，并提出新的解决方案。在国家数据密态技术实验室的组织运行中，经常可能会遇到复杂的数据安全和隐私保护问题，因此需要具备解决问题和创新的能力。总之，通过上述技能的综合运用，才能更有效地促进国家数据密态技术实验室的组织运行。

国家数据密态技术实验室组织运行时，特别需要在确保合规性的基础上保护数据安全和隐私。因此，根据组织运行的具体情况和实际业务需求，国家数据密态技术实验室在组织运行中还需要特别注意以下方面。一是隐私保护法规。熟悉并遵守适用的隐私保护法规，如《通用数据保护条例》或其他适用的地方法规等，确保数据处理和加密方法符合法律法规要求，同时保护个人数据的隐私和合法权益。二是数据分类和敏感性评估。需要对“入湖”的组织内的数据进行分类和敏感性评估，确定哪些数据属于敏感数据，并进行加密处理，特别是要根据敏感性等级采用适当的加密算法和措施有效保护数据。三是有效的密钥管理。需要建立健全的密钥管理策略，确保密钥的安全性和合理的轮换机制，密钥应被存储在安全的位置，并且只有被授权人员能够访问和管理密钥，同时需要定期评估密钥的强度、效度及风险性，及时更换或更新密钥，包括采取非常手段进行新密钥设计与应用。四是数据访问控制。需要建立严格的数据访问控制策略体系，确保只有经过授权的用户或系统才可以访问加密的数据，且需要采取身份验证、权限管理、访问留痕、审计等措施加强监管。其中，限制数据的访问权限，并记录数据的访问日志，旨在强化管理追踪和监控。五是安全审计和监控。需要建立安全审计和监控机制，对数据密态技术的实施进行监测和审查，同时定期审查数据加密和密态处理的有效性，检测安全事件和潜在威胁，并采取相应的秒级智慧应对措施，及时发现、解决安全漏洞和安全风险问题。六是内部员工教育和培训。需要加强针对数据密态技术的培训和教育，使国家数据密态技术实验室组织内的员工了解数据保护的重要性及正确使用数据密态技术的方法，加强员工的安全意识和职业道德教育，防止内部人员的错误或恶意行为对数据安全造成威胁。七是第三方合作和供应商管理。与第三方合作伙伴和供应商建立合适的合作协议、保密协议，确保他们在应用和处理“入湖数据”时遵守相应的数据保护要求，通过定期、不定期评估第三方的安全措施和合规性，确保数据在合作过程中的安全。八是漏洞管理和紧急响应。需要建立漏洞管理和紧急响应机制，特别是构建秒级智慧应对措施体系，及时跟踪和修复数据密态技术中的安全漏洞和防御短板，建立灵活的、智慧的紧急响应体系，以应对潜在安全事件和数据泄露风险。

五、国家数据价值贡献值估算实验室

数据估值是数据实现资产化的重要前提，没有估算价值，或估算价值显失公平，数据流通与交易中就会因利益的分配而增加社会治理的成本。有学者认为：“数据估值定价是促进数据在市场中高效流通的关键环节，是推动数据成为新的关键生产要素的基础性工作。”[1] 国家数据价值贡献值估算实验室是对数据所带来的价值进行评估和量化的重要场所，其使用的估算方法可以根据不同的情境和业务需求而有所不同。根据中国资产评估协会发布的《资产评估专家指引第 9 号——数据资产评估》，有市场法、成本法和收益法等三种主要方法及其衍生方法。下面笔者总结一些常见的方法和指标资源以供借鉴，可用于估算数据的贡献值。

1. 直接经济价值估值法

直接经济价值估值法是最常见的数据价值估算方法。通过分析数据对组织

[1] 欧阳日辉，杜青青. 数据估值定价的方法与评估指标 [J]. 数字图书馆论坛，2022（10）：21-27.

的直接经济影响确定直接经济价值。例如，数据可能帮助提高销售额、降低成本、提高效率等，通过对这些影响进行量化，可以估算数据的经济价值。这种方法的具体措施是对比法，对提高销售额、降低成本、提高效率等的贡献率进行评估获取比重率。

2. 决策支持价值估值法

数据对帮助组织做出更明智的决策具有重要作用。通过分析数据对决策的影响力，可以估算数据的决策支持价值，如数据可能帮助减少风险、提高预测的准确性、优化资源配置等。该方法的具体措施可以参考李秉祥等的研究将数据资产价值的构成通过数字形式进行量化。

计算公式（4-1）[1]为

$$C_1 = \lambda \times d \times K\frac{N^2}{R^2} \tag{4-1}$$

其中，C_1是平台数据资产的价值；λ是平台活跃系数；d是单用户价值；K是溢价率系数；N是平台用户数；R是网络节点距离。

计算公式（4-2）[2]为

$$C_2 = \sum_{i=1}^{n}\frac{\mathrm{CF}_t}{(1+r)^i} \tag{4-2}$$

其中，C_2是特定应用场景下的价值；CF_t是t年所有应用场景下产生的净现金流；r是折现率；n是持续获利年限。

---

[1] 吴惟熙，陈晓萍．互联网企业数据资产估值研究——以人民网为例 [C]// 2023 年财经与管理国际学术论坛．2023 年财经与管理国际学术论坛文集（二）．北京：中国国际科技促进会国际院士联合体工作委员会，2023：102-104.

[2] 吴惟熙，陈晓萍．互联网企业数据资产估值研究——以人民网为例 [C]// 2023 年财经与管理国际学术论坛．2023 年财经与管理国际学术论坛文集（二）．北京：中国国际科技促进会国际院士联合体工作委员会，2023：102-104.

计算公式（4-3）❶为

$$C_3 = \sum_{i=1}^{n} \frac{\mathrm{ER}_t}{(1+r)^i} \tag{4-3}$$

其中，C_3 是产权转移时的超额收益；ER_t 是转移过程产生的收益；r 是折现率；n 是持续获利年限。

而数据资产风险会受到道德或国家政策因素影响，可以采用 β 作为国家政策因素影响的指标，则标的数据资产价值计算公式（4-4）❷为

$$C_U = \beta(C_1 + C_2 + C_3) \tag{4-4}$$

其中，U 是数据资产。

3. 创新和战略价值估值法

数据还可以为一些组织的创新和战略决策提供支持。通过分析数据在创新过程中的应用和对组织战略目标的贡献，可以估算数据的创新和战略价值。"具体而言，其模型公式为：数据资产价值 = 数据资产开发价值 × 价值贡献因子 × 多场景增速因子"❸，计算公式（4-5）❹为

$$V_d = C \times f_1 \times f_2 \tag{4-5}$$

其中，V 是数据资产价值；C 是数据产品的开发价值；f_1 是数据产品所应用的行业投资回报率；f_2 是数据产品能够多场景应用的潜能比率。

---

❶ 吴惟熙，陈晓萍．互联网企业数据资产估值研究——以人民网为例 [C]// 2023 年财经与管理国际学术论坛．2023 年财经与管理国际学术论坛文集（二）．北京：中国国际科技促进会国际院士联合体工作委员会，2023：102-104.

❷ 吴惟熙，陈晓萍．互联网企业数据资产估值研究——以人民网为例 [C]// 2023 年财经与管理国际学术论坛．2023 年财经与管理国际学术论坛文集（二）．北京：中国国际科技促进会国际院士联合体工作委员会，2023：102-104.

❸ 潘伟杰，肖连春，詹睿，等．公共数据和企业数据估值与定价模式研究——基于数据产品交易价格计算器的贵州实践探索 [J]. 价格理论与实践，2023（8）：44-50.

❹ 潘伟杰，肖连春，詹睿，等．公共数据和企业数据估值与定价模式研究——基于数据产品交易价格计算器的贵州实践探索 [J]. 价格理论与实践，2023（8）：44-50.

同时，也可以使用公式（4-6）进行估值。

计算公式（4-6）[1]为

$$数据资产创新性价值 = \sum_{k=1}^{m} \frac{AD_k}{(1+r)^m} \tag{4-6}$$

其中，m 是收益期；AD_k 是收益期内第 k 年实现的创新性收入；r 是折现率。

4. 品牌和声誉价值估值法

数据的安全、隐私和合规性对组织的品牌、声誉具有重要影响。通过分析数据对品牌、声誉的保护和增强作用，可以估算数据的品牌和声誉价值，也可利用计算公式（4-4）$C_U = \beta(C_1 + C_2 + C_3)$ 进行估值。

5. 市场潜力价值估值法

数据可以帮助组织发现新的市场机会和客户需求。通过分析数据对市场潜力的贡献，可以估算数据的市场潜力和价值。例如，数据可能揭示新的市场趋势、消费者行为模式等。具体也可利用计算公式（4-4）$C_U = \beta(C_1 + C_2 + C_3)$ 进行估值。

总之，进行数据价值贡献值估算时，需要根据具体情况选择合适的估值方法和估值指标体系，并进行数据收集、分析和量化。同时，需要考虑数据的质量、可信度、可用性及法规合规性等因素，以确保估算结果的准确性和可靠性。

（一）国家数据价值贡献值估算实验室的组织职能

如前所述，数据贡献率估算办法主要有两层内涵：一是考量数据的净体量的大小，用单位 GB 来衡量；二是考量数据确权后的流通、交易价值的贡献值，并以这个值来判断确权时的估值，综合得出现有的值。由此可见，每增加一次数据流通和交易后，数据的再估值“现值”与第一次的数据“元值”存在较大

[1] 苑秀娥，尚静静．价值创造视角下互联网企业数据资产估值研究 [J]. 会计之友，2024（6）：59-67.

差异，这个增值是海量数据的爆发性价值带来的增减。

国家数据价值贡献值估算实验室在进行数据价值贡献值的估算时涉及诸多事务，其主要组织职能有如下方面。一是数据科学家或分析师。他们是数据分析的专家，有能力从数据中提取有用的信息并量化其价值，可以帮助确定数据的价值、潜在价值和爆发性价值，并分析这些价值为组织和社会做贡献。这是由数据资产的增值保值特性决定的。有学者指出："数据资产的增值保值性是指数据资产在时间推移中能够保持其价值或者增加其价值的能力。"[1]二是业务分析师。他们可以帮助识别数据对业务的影响，进而确定其对组织的贡献。三是数据治理团队。他们负责数据质量、数据安全和数据合规性等方面的管理，确保数据的可靠性和合法性。"数据资产的增值保值性取决于多个因素，包括数据的质量、可用性、完整性、准确性等。高质量的数据能够提供准确和有用的信息，从而提升其价值。"[2]四是信息技术部门主要负责数据的收集、存储和管理，以及与其他组织系统和技术性运行系统的集成。既要注重横向的组织单位之间的交流互动与相互支撑，又要注重纵向的数据资产管理各技术部门、各运行系统的交叉合作，甚至形成超级工程系统运行。五是具体业务部门主要提供业务需求和关键绩效指标，帮助确定数据的价值和贡献。六是财务部门主要帮助估算数据的贡献值，并确定投资回报率等财务指标。七是高管团队主要指导数据资产管理工作，掌握数据的价值和市场贡献率并做出一些决策，以支持组织的业务目标。当然，以上这些职能通常需要密切合作才能完成，旨在确保数据价值贡献值估算的准确性和有效性，从而服务社会和助力人类实现高质量的美好生活向往。

该实验室在估算数据的价值和贡献值时，合理分配组织职能是非常重要的。针对不同的团体或个人有不同的职能分配，以下是一些常见的职能分配。一是数据科学团队。数据科学家与分析师可以负责开发和应用数据模型、算法

[1] 张青青．数据资产估值难点探究 [J]. 市场周刊，2024（1）：14-17.

[2] 张青青．数据资产估值难点探究 [J]. 市场周刊，2024（1）：14-17.

和分析工具，挖掘数据中的价值并提供洞察力和建议，可以协助确定数据价值的潜在因素，进行数据挖掘和预测分析，并与有关团队合作，为业务决策提供数据价值服务支持。二是数据质量团队。数据质量是确保数据准确性、完整性和一致性的关键因素。一个专门的数据质量团队可以负责监控数据质量、制定数据质量标准和规范，并与数据所有者和相关团队合作，确保数据的可靠性和可信度。三是数据所有权的治理团队。该团队负责确保数据的正确使用和合规性监督，可制定数据访问和权限策略确保数据隐私和安全，以及负责制定数据治理框架和流程，保证数据的合法和合规使用。四是业务部门。各个业务部门应该在数据的使用和分析过程中发挥积极的作用，可以与数据科学团队合作，共同商定业务问题和研究目标，并提供业务知识和洞察，以确保数据分析的结果与业务需求相匹配。五是技术团队。技术团队主要负责构建和维护数据基础设施，如数据仓库、数据管道和分析工具，与数据科学团队和数据质量团队紧密合作，确保数据的可用性、可访问性和可操作性。六是高层管理者和决策者应该在数据价值的估算和分配过程中发挥重要作用。他们负责制定数据战略和价值目标，并为数据团队提供资源和支持，以确保数据价值的最大化实现。这些职能的分配可能会因组织的规模、行业和特定需求而有所不同，重要的是确保不同团队之间的合作和协调，以实现数据的最大价值和贡献。

（二）国家数据价值贡献值估算实验室的组织运行

由国家数据价值贡献值估算实验室的职能可知，一方面要运行对确权数据的清洗技术，主要是去除一些假数据、坏数据和保护确定不能确权的隐私数据、商业秘密数据、国家安全数据等；另一方面要对确权数据的流通、交易等进行跟踪服务和区块链刻录保存与保管，更重要的是对确权数据的资产化，特别是对资产化后的数据收益进行清算、分益及分益后重新价值验算，要综合考量数据资产与前几次的估算值在特定函数或算法下形成新的数据价值并刻录到数据中，等待下一次数据资产使用并收益等。

在进行数据价值贡献值估算时，既需要有高质量的组织运行，又需有可遵循的关键步骤。一是明确角色和责任。确定谁负责收集数据、分析数据及估算数据的价值和贡献，可以通过建立清晰的职责分工和任务分配保障运行。二是数据收集和整合。确保数据源的可靠性和准确性，并整合各种数据源以获得数据爆发性价值。这需要建立稳定的数据管道和数据仓库。三是数据分析和模型开发。分析数据以确定其价值和贡献，并开发模型帮助预测未来的价值和贡献。这需要有经验的数据科学家和分析人员。四是沟通和协调。确保数据价值和贡献的估算得到各个部门的认可、支持，并促进跨部门合作和协调。五是监督和评估。监督数据价值和贡献的估算结果，并定期评估其准确性和有效性。这可以通过建立监督机制和监督指标体系定期检验与不定期检验实现。六是持续改进，不断优化数据价值和贡献的估算方法，并根据实际情况进行调整和改进。这需要建立反馈机制。以上是可能需要考虑的一些主要方面。总之，数据价值贡献值估算的组织运行需要综合考虑各种因素，根据组织的实际情况进行调整和改进。

同时，数据价值贡献值估算实验室的组织运行需要以下技能。一是数据分析与挖掘。具备数据分析和挖掘的能力，能够处理和分析大量的数据，并从中提取有价值的信息，包括数据清洗、数据建模、统计分析、机器学习等技能。二是经济学与商业应用。具备经济学和商业应用的知识，能够将数据价值与商业应用联系起来，了解市场经济、产业结构、商业模型等方面的知识，有助于将数据的贡献转化为实际的商业价值。三是数据管理与整合。熟悉数据管理和整合的原则、方法，能够处理和整合多个数据源的数据，熟悉数据清洗、数据整合、数据质量控制等技术，以确保数据的准确性和一致性。四是统计与建模。具备统计分析和建模的能力，能够运用统计方法和模型估算数据的贡献值，掌握回归分析、时间序列分析、因子分析等统计技术，并能建立适当的模型评估数据的价值。五是数据可视化与沟通。具备数据可视化和沟通的能力，能够将数据结果以清晰、易懂的方式展示给非技术人员，熟悉数据可视化工具

和技术，能够高效地宣传数据的贡献和价值，促进决策和合作。六是项目管理与团队协作。具备项目管理和团队协作的能力，能够规划、组织和监督数据价值贡献值估算项目的进行，包括制订项目计划、资源管理、进度控制等，以确保项目顺利进行并实现预期目标。七是有相关领域知识与专业背景。具有相关领域的知识和专业背景，能够把握数据所涉及的行业、衍生领域或应用场景的特征和需求，有助于更准确地评估数据的价值和贡献。

在进行数据价值贡献值估算时，需要注意以下一些主要事项。一是数据质量。为确保数据的准确性、完整性和一致性，需要对数据进行清洗和验证，解决数据质量风险问题和隐私问题。二是数据源选择。需要选择合适的数据源用于估算，应考虑数据的可靠性、覆盖范围和时效性等因素，确保所选数据源与估算目标和应用场景相匹配。三是数据预处理。在进行估算之前需要对数据进行预处理，包括数据清洗、数据转换、特征工程等操作，使数据适用于估算模型或算法。四是估算模型选择。需要选择适合的估算模型或算法，根据估算目标和数据的特征选择合适的模型，如回归模型、机器学习算法等，确保所选模型能够准确估算出数据的贡献值。五是参数设定和调优。对使用具体参数的估算模型或算法，需要进行参数设定和调优，通过实验和验证选择最佳的参数设置，以提高估算结果的准确性和稳定性。六是考虑不确定性因素。在进行数据价值贡献值估算时，需要考虑数据估算结果的不确定性因素，使用合适的统计方法或模型，对估算结果的估值区间或不确定性因素进行评估和报告。七是业务场景理解。理解业务场景和需求对数据价值贡献值的影响，对于不同的业务场景需要结合不同的指标或因素进行估算，并结合具体业务问题进行解读和分析。八是评估与改进。数据价值贡献值估算是一个动态的过程，持续做好评估结果的准确性和有效性，必然根据数据资产管理中的反馈和实际情况进行改进和优化。

第二节 工程方法论策略

“方法、方法论、范式是学术研究的基础。中外历史上的重大科学发明、发现，重大理论突破，无不得益于完备的方法。”[1] 方法，特别是方法论和范式是得出不同凡响的正确性和真理性结果的重要杠杆，所以“干任何事都必须有相应的具体方法，没有可行的、相应的具体方法，就只能幻想，讲空话，想象某种海市蜃楼，而不可能真正干事”[2]。毛泽东曾指出：“想要达到一种目的（改造），非讲究适当的方法不可。”[3] 因此，从数据确权与数据资产管理的四个方面的构建维度来看，结合数据确权与数据资产管理的基础理论、组织设计策略，数据确权与数据资产管理的工程方法论策略主要有至少三个方面需要充分考虑。李伯聪教授指出：一是有“工程方法的整体结构——‘硬件’‘软件’和‘斡件’”[4]；二是“工程方法以创造和提高功效（效力、效率、效益）为基本目的和基本标准”[5]；三是“现代工程技术方法的高度专业化特征使得其行动主体常常需要有‘专业资质’”[6]。

一、工程方法的整体结构：硬件、软件和斡件

从前文论述可知，数据确权与数据资产管理是一项复杂的系统性工程，其“工程活动是物质性的活动，没有物质性的工具、机器、设备，就不可能

---

❶ 钱冠连．方法决定结果——两个研究方法评述 [J]. 中国外语，2010（1）：77-80.

❷ 李伯聪．关于方法、工程方法和工程方法论研究的几个问题 [J]. 自然辩证法研究，2014（10）：41-47.

❸ 毛泽东．毛泽东早期文稿 [M]. 长沙：湖南人民出版社，2013：283.

❹ 李伯聪．关于方法、工程方法和工程方法论研究的几个问题 [J]. 自然辩证法研究，2014（10）：41-47.

❺ 李伯聪．关于方法、工程方法和工程方法论研究的几个问题 [J]. 自然辩证法研究，2014（10）：41-47.

❻ 李伯聪．关于方法、工程方法和工程方法论研究的几个问题 [J]. 自然辩证法研究，2014（10）：41-47.

进行工程活动，不可能达到工程造物的目的”[1]。“工程活动的这个本性使得工程方法的整体结构（或组成）必须包括三个部分：硬件（hardware）、软件（software）、斡件（orgware，钱学森建议将其翻译为‘斡件’）。”[2]正如国家科学技术委员会原主任宋健指出：“提高科技工作的质量和效率要依赖于硬件、软件和斡件三方面工作的改善和进步。购置新的装备，革新工作手段，改善工作环境等属于硬件范围；采用自动化工作程序，广泛应用计算机辅助设计（CAD）、试验（CAT）、分析（CAA）、制造（CAM）等是谓软件范畴；而科学管理，包括目标决策、力量组织、协调调度、人事和工资管理、市场开发等统称为斡件。重硬件轻软件的思想习惯近几年来已有所纠正，而轻视斡件的倾向至今犹存。”[3]

（一）硬件：数据和数据确权与数据资产管理的设备及器材

“所谓‘硬件’，就是进行工程活动所必需的工具、设备、机器等。”[4]对数据确权与数据资产管理这项工程来说，需要有多功能的智能终端和块数据认证器、处理器、储存器等，主要用于数据的收集和传递。当然，还需要计算机对数据进行加密计算等工作。但是，这里最大的硬件就是数据，因为从传统经济学来看，数据是劳动对象，也是劳动材料。

具体来说，数据确权与数据资产管理工程需要使用的硬件包括以下设备。一是数据采集设备从不同的数据源中收集数据，如传感器、仪表、设备等，这些设备可以是硬件设备或者软件应用程序；二是存储设备用于存储采集的数据，如硬盘、固态硬盘、云存储等，具有大容量、高速度、高可靠性的特点；

---

[1] 李伯聪．关于方法、工程方法和工程方法论研究的几个问题 [J]. 自然辩证法研究，2014（10）：41-47.

[2] 李伯聪．关于方法、工程方法和工程方法论研究的几个问题 [J]. 自然辩证法研究，2014（10）：41-47.

[3] 程绍钦，纪柏林．提高科技工作时效的途径——科技工作定额管理 [M]. 北京：中国宇航出版社，1989：Ⅰ.

[4] 李伯聪．关于方法、工程方法和工程方法论研究的几个问题 [J]. 自然辩证法研究，2014（10）：41-47.

三是数据处理设备对采集的数据进行处理和分析，如服务器、工作站、计算机等，具有高性能、高可靠性的特点；四是网络设备用于数据的传输和共享，如路由器、交换机、防火墙等，具有高速度、高可靠性、高安全性的特点；五是传输设备用于数据的传输和共享，如光纤、无线网络、卫星通信等，具有高速度、高带宽、高可靠性的特点；六是安全设备用于保护数据的安全和隐私，如防火墙、加密设备、身份验证设备等，具有高度的安全性和可靠性。

以上是可能需要使用的硬件设备。数据确权与数据资产管理工程需要根据组织的实际情况和需求选择适合的硬件设备。同时，需要注意硬件设备的可扩展性和适应性，以便在未来的扩展和升级中更好地满足业务需求。

（二）软件：数据确权与数据资产管理的支撑设备中的操作系统

一般来说，软件指机器的操作方法、程序、工序。[1]对数据确权与数据资产管理这项工程来说，宏观上主要有数据搜集系统、数据验证签名系统、数据验证证据系统、刻录嵌入系统（包括时间、产权信息和数据价值估值的刻录嵌入块数据）、密态设置系统、数据聚集系统、深度学习系统、数据加工分析系统等。具体来说，数据确权与数据资料管理工程的软件主要包括以下几个方面。一是数据采集系统从不同的数据源中收集数据，并将其整合到一个中心数据仓库中，包括传感器数据采集系统、仪表数据采集系统、网络爬虫等；二是数据存储和管理系统用于存储和管理采集的数据，包括关系型数据库、数据仓库、非关系型数据库、文件系统等，具有高可靠性、高扩展性、高安全性的特点；三是数据分析和处理系统用于对存储的数据进行处理和分析，并从中发现有价值的信息和规律，包括数据挖掘工具、机器学习工具、统计分析软件等；四是数据传输和共享系统用于数据的传输和共享，包括文件传输软件、消息队列软件等，具有高速度、高可靠性、高安全性的特点；五是数据备份和恢复系

---

[1] 李伯聪．关于方法、工程方法和工程方法论研究的几个问题 [J]. 自然辩证法研究，2014（10）：41-47.

统用于数据的备份和恢复，包括备份软件、同步软件、快照软件等，具有高可靠性、高安全性、高灵活性的特点；六是数据安全和合规性系统用于保护数据的安全和隐私，并确保数据的合规性，包括防火墙、加密软件、身份验证软件等。但是，微观上的软件就更多了，甚至包括计算机等硬件设备的软件系统。由于其过于细致，所以不属于本书研究范围，就不再梳理。

（三）“斡件”：人的高效管理和软、硬件中的衔接小件及系统

从管理学视角来看，“所谓斡件，就是‘斡旋’之件，是相对硬件和软件这两个概念而言的；它泛指管理组织艺术，包括人类的一切管理行为和组织活动”[1]，“其根本目的是以最少的投入和最短的时间使产品或系统在全寿命周期内获得所需要的最佳可靠度”[2]。由此可见，数据确权与数据资产管理的斡件有人的管理、协调工作艺术，还有硬件与硬件中的连接小件，以及软件与软件的融合制作与系统。“由于一般地说，工程活动是工程共同体的集体活动，这就使得工程活动中必须进行必需的工程管理，没有一定的管理，工程活动就会陷于混沌状态，工程活动就不可能正常进行，不可能实现工程活动的目的。有人把这个工程管理方面称之为斡件。在管理科学和工程管理兴起之前，人们往往忽视了斡件的重要性。在管理科学和工程管理兴起之后，愈来愈多的人开始认识到了斡件的重要性。”[3]从本质上说，斡件的目标是确保项目按时、按预算和按质量完成，并确保项目各方的利益得到充分满足，涉及多个方面，如项目计划、资源管理、成本控制、质量管理、安全管理、风险管理等，通过综合运用项目管理的原理和方法，了解系统或软、硬件的特点和要求，深入地了解、有效地解决问题，并应对各种挑战。

---

❶ 侯先荣．斡件可靠性初探 [J]. 质量与可靠性，1989（6）：8-11.

❷ 侯先荣．斡件可靠性初探 [J]. 质量与可靠性，1989（6）：8-11.

❸ 李伯聪．关于方法、工程方法和工程方法论研究的几个问题 [J]. 自然辩证法研究，2014（10）：41-47.

二、工程方法功效：效力、效率、效益

李伯聪教授指出："所谓功效包括效力、效率和效益等多个方面。效力是指'总量'，效率（不但可以指技术效率，也可以指经济效率）是指'强度'方面，而效益则是指价值评价上'综合性的结果'。"[1] 由此可见，对数据确权与数据资产管理的工程方法功效来说，同样存在效力、效率和效益的实践工程问题。

（一）工程效力：与数据体量正相关——数据越大，数据的爆发性价值等工程总量越大

数据确权与数据资产管理的工程效力一般指数据确权与数据资产管理的影响范围和工程的总量。从范畴学来看，数据的范围几乎涉及每一个人，但是数据确权的申报似乎又不仅是个体、企业和有关组织机构的数据。因为海量数据具有爆发性价值，所以今天普遍使用的全球定位系统（GPS）、北斗卫星导航系统、国土资源卫星遥感系统、无线网络（Wi-Fi）等及相关领域正在使用的增强现实（AR）[2]、虚拟现实（VR）[3]，以及即将普及的5G乃至未来的6G等技术的全覆盖，使得人们从出生起就自然而然生活在大数据应用范围内，大数据搜集技术应用方式与范围的隐蔽性、广泛性及关联数据信息的可分析性更是使现代人暴露无遗。从数据确权与数据资产管理的工程总量来看，如前文图 4-1所示，数据确权申报涉及每一位中国公民和外国人，因为数据确权申报没有国界，甚至应当倡导世界的数据确权申报，以便数据应用产生更大的工程效益；

---

[1] 李伯聪．关于方法、工程方法和工程方法论研究的几个问题 [J]. 自然辩证法研究，2014（10）：41-47.

[2] AR：Augmented Reality，是一种实时的摄影机影像计算处理技术，能够在屏幕上把现实世界套入虚拟世界并进行互动。

[3] VR：Virtual Reality，是一种利用计算机生成模拟环境，并在其中实现多源信息融合与交互式三维动态视景的体验式仿真系统。

数据资产管理也因涉及的产权人更多和数据体量更大而数据的爆发性价值更大，数据确权的工程总量是涉及产权人的体量，价值是爆发性的，无法估算。根据研究得知，数据确权与数据资产管理的工程总量是一个相对复杂的问题，涉及各种组织和行业的不同需求，而且数据确权与数据资产管理的范围包括多个方面。一是数据清理和整合，需要将组织内部和外部的数据进行清理、整理和整合，以确保数据的准确性、一致性和完整性；二是数据分类和标准化，需要对数据进行分类和标准化，以便更好地管理和利用数据资产；三是数据质量管理，需要建立数据质量管理机制，包括数据质量评估、监控和改进，以确保数据的质量符合业务需求；四是数据安全和隐私保护，需要确保数据的安全性和隐私保护，包括制定数据安全策略、权限管理、数据备份和恢复等；五是数据访问和共享管理，需要建立数据访问和共享机制，以便组织内部和外部的相关人员能够合法、安全地访问和共享数据；六是数据价值和资产评估，需要评估数据的价值和潜在资产，以便合理配置资源和制定数据资产管理策略；七是数据治理和合规性，需要建立数据治理框架，确保数据的合规性，包括遵守相关法规、标准和政策。需要注意的是，数据确权与数据资产管理是一个持续的过程，需要不断监测、评估和改进，以适应不断变化的业务需求和技术环境，因此工程总量应该被视为一种长期的投资和努力。总之，数据确权与数据资产管理的工程总量与数据体量呈正相关，数据越多越大，爆发性价值的工程总量将可能越大。

（二）工程效率：数据确权的速度和数据资产收益的强度

由李伯聪教授对工程效率概念的阐释可知，数据确权与数据资产管理的工程效率主要指技术方法方面的单位时间内对数据确权的体量和数据资产管理的单位时间内的数据资产收益价值。一方面，数据确权工程效率用计算公式（4-7）表示为

$$F(X) = M / T \tag{4-7}$$

其中，函数 $F(X)$ 是单位时间内对数据确权的体量；M 是单位时间内的数据体量（单位为 GB）；T 是处理数据的单位时间。这个公式计算出的效率以百分比形式表示，可以衡量实际产出与预期产出之间的比例关系。效率值越高，表示实际产出接近或超过预期产出，工程执行效率越高。需要注意的是，数据确权工程的预期产出应该是基于合理的工作量估算和目标设定进行规划、确定的。实际产出可以通过对工作量、成果或质量的实际测量和评估确定。此外，效率的计算还可以考虑其他因素，如时间、资源和成本等。在实际应用中，可以结合这些因素进行综合评估和分析，以更全面地衡量数据确权工程的效率。

另一方面，数据资产管理工程效率可用数据公式表示为

$$f(x) = w/t \tag{4-8}$$

$$w_{总} = w_{原数据价值} + w_{爆发性价值} \tag{4-9}$$

$$w_{爆发性价值} - w_{原数据价值} = \Delta w \tag{4-10}$$

其中，函数 $f(x)$ 是单位时间内数据资产管理的收益，这是可以通过优化数据利用、提高数据质量、加强数据安全等方式实现的业务价值；w 是数据资产管理收益；t 是数据资产管理的收益周期时间。公式（4-8）计算出的效率以百分比表示，表示通过消耗的资源获得的价值的比例。效率值越高表示以相同的资源消耗获得更多的价值，工程执行效率越高。在实际应用中，需要根据具体的数据资产管理工程情况确定价值和资源的衡量方式。价值可以通过业务指标、收益增长、成本节约等衡量。资源消耗可以通过工作量、人力投入、时间花费、技术工具使用等衡量。综合考虑价值和资源消耗，通过以上公式计算的效率指标可以帮助评估和比较不同数据资产管理工程的执行效率，并用于指导决策和改进工程过程。

（三）工程效益：明确、保护数据产权及收益权并促进人类文明发展与进步

数据确权与数据资产管理的工程效益是指数据确权与数据资产管理的综合性价值评价，包括对经济社会的影响和人类的美好生活的影响指数等。数据确权与数据资产管理的工程效益主要体现在以下几个方面。一是业务决策的支持。通过数据确权与数据资产管理组织可以获得准确、完整、一致的数据，为业务决策提供可靠的支持。同时，决策者可以基于准确的数据分析结果做出有效的决策，提高业务运营效率和竞争力。二是数据价值最大化。数据确权与数据资产管理可以帮助组织充分挖掘、利用数据的潜在价值，通过数据整合、清理和标准化，可以将分散的数据资源整合起来，形成统一、可用的数据资产，从而提高数据的可发现性、可访问性和可重复使用性。三是数据质量的提升。数据确权与数据资产管理强调数据质量管理，包括数据质量评估、监控和改进，通过建立数据质量管理机制，可以提高数据的准确性、一致性和完整性，降低数据质量问题带来的风险，提高决策的可信度和效果。四是资源优化和成本控制。通过数据资产管理，组织可以更好地了解和管理数据资源的使用情况。这有助于优化资源配置，避免资源浪费，提高资源利用效率。同时，通过数据资产管理的有效控制和监测，组织能够更好地控制数据管理的成本，减少相关成本的浪费。五是风险管理和合规性。数据确权与数据资产管理有助于组织更好地管理数据安全和隐私风险，确保数据的合规性，通过确定数据安全策略、权限管理、数据备份和恢复等措施，可以降低数据泄露、丢失和滥用的风险，保护数据资产的安全性和可靠性。六是组织效率和竞争优势。数据确权与数据资产管理的有效实施可以提高组织的运营效率和响应能力。通过更好地管理和利用数据资产，组织可以快速获取准确的数据，加快业务流程，提高业务响应速度和客户满意度，从而增强竞争优势。总之，这些工程效益可以在组织的业务运营、决策制定、资源管理、风险控制等方面产生显著的影响，为组织带来长期的可持续发展和竞争优势。

从数据确权与数据资产管理的本质来看，工程效益主要是维护数据产权和收益权，让人们的数据资源变成资产，增加人们的收益和对数据爆发性价值的应用，从而提高人们的生产、生活质量，也能拓展人们生活、生产的消费需要，包括感性和理性的消费需要。理性的消费需要又可推动社会新的供给产品与服务的研发，使数据确权与数据资产化加速，即人、事、物数据化和数据产业化的速度加快。感性的消费需要，除部分无恶意的诉求之外，其他诉求也会在“数据←→信息←→知识”和“信源←→信道←→信宿”的运行中被屏蔽、被溯源、被社会治理终止，或不断升级发展。而无恶部分会因为人的放松与休闲适度提供而获得一定程度的可控发展。具体来说，工程效益的影响结果体现在以下方面。一是数据产权明确。在工程项目中，数据的产权归属应明确规定，需要确保数据的所有者或权益方能够享有对数据的合法权益，因此需要通过合同、协议或法律文件等形式明确规定数据产权的归属和使用权限，避免数据被未经授权方使用或侵权的行为。二是数据收益权保护。工程项目中产生的数据往往具有一定的商业价值和利益，如市场分析数据、用户行为数据等。保护数据的收益权意味着采取必要的措施，防止数据被非法获取、篡改、盗用或滥用，可以采取数据加密、访问控制、身份验证、安全审计等技术和管理手段。三是促进人类文明的发展和进步。通过对数据进行分析和挖掘，可以发现新的知识、洞察市场趋势、改进产品和服务等。这些数据驱动的创新和进步有助于提高生活质量、推动经济发展、解决社会问题等，从而促进人类文明的进步。

总之，为明确和保护数据产权及收益权，促进人类文明的发展和进步，需要采取以下主要措施：一是建立合理的数据管理制度和政策，明确数据的产权归属和使用权限；二是引入数据保护和隐私保护措施，确保数据的安全性和隐私性；三是采用技术手段，如加密、访问控制、身份验证等，保护数据的完整性和可用性；四是加强法律法规的制定和执行，保护数据产权和收益权；五是鼓励数据共享和合作，促进数据的流通和有效利用；六是增加对数据科学和分析能力培养的投入，从数据中获取更多的洞察和价值。综上，这些措施可以在

工程项目中确保数据产权和收益权的明确、保护，并利用数据的价值进一步促进人类文明的发展和进步。

三、工程技术方法：专业化资质

从目前的数据确权与数据资产管理工程设计（图 4-1）可知，数据确权与数据资产管理必须加强和一些工程技术方法的专业化资质相关的行业培训、行业教育等职业教育。同时，要根据数据确权与数据资产管理的深化发展加强对相关业态和衍生业态及产业链上的有关业态的工程技术方法的专业化发展和资质论证，形成一批新的高、新、精、尖技术的职业教育发展态势。诚然，也不得不承认，虽然从现在到未来的一些工程技术方法等的专业化资质也有逐渐失去社会应用价值而被淘汰的可能，但当前这种专业化资质是必要的和急迫的。例如，"为适应我国个人信息保护和数据安全工作需要，2019 年，中国信息安全测评中心依据中编办批准开展'信息安全人员培训与资质认证'的职能，推出了对个人信息保护专业人员能力认定的 CISP-PIP（注册信息安全专业人员—个人信息保护）项目，并授权设立了 CISP-PIP 运营中心"[1]。"目前，国际影响力较大的个人信息保护认证项目为'国际隐私专业人员协会'（IAPP）认证。"[2]

（一）当前实现数据确权与数据资产管理急需的专业化工程技术资质

截至目前，现代科技发展要求"AI 芯片正在成为数字化时代的算力底座"[3]。因此，从数据确权与数据资产管理急需的工程技术方法实践来看，一方

---

[1] 左晓栋．顺势而为，发展个人信息保护专业人员（CISP-PIP）资质测评体系 [J]. 中国信息安全，2020（4）：39-40.

[2] 左晓栋．顺势而为，发展个人信息保护专业人员（CISP-PIP）资质测评体系 [J]. 中国信息安全，2020（4）：39-40.

[3] 余汝成．中国 AI 芯片产业的突破之道 [J]. 集成电路应用，2024，41（2）：404-405.

面，数据确权与数据资产管理缺乏数据聚集中深度学习模型中的芯片与算法技术。一是精密度要求高；二是要求散热效果好且运算速度又准又快，甚至要求运算速度为“亿万分之一秒”的处理能力；三是要求保障数据安全，没有嵌入的盗取数据的隐蔽系统，有一定的道德伦理价值调控系统，保障全过程应用的向上、向善。对于前两个要求，“超导量子计算是目前最有可能实现实际应用的量子计算方案之一，多层堆叠是实现超导量子比特大规模扩展的最佳方案”[1]。第三个要求已有一些探索性的可实践方案。笔者认为，要将人的道德智慧嵌入智能装备的 CPU 系统，让智能装备在运行中强制性接受道德系统的监督与管控，防止出现背离服务于人的价值性初衷问题。由此可见，数据确权与数据资产管理中，数据聚集的深度学习模型中的芯片研发技术与算法技术等资质是最为紧缺的，应当加强技术攻关和基础研究，最终形成普及型职业教育。因为只有这些专业化资质的普及，才能更优化研发和精准研发，从而真正实现高质量发展和可持续发展。

另一方面，数据确权与数据资产管理还突出地缺乏“数据可用不可见”技术保障，即数据在安全保障中流通、交易和加工。当前，被认为更可靠的技术方法资质有区块链技术、数据密态技术、时间刻录与储存技术三个工程技术方法资质。例如，清华大学张超教授研究指出：“实现数据确权与保护，数据密态渐成行业共识。”[2]这种数据密态技术主要是给数据加密，让“数据可用不可见”的隐私信息和商业秘密等情况实现应用，所以又被称为“隐私计算技术”。具体来说，“隐私计算技术在不获知其他参与方原始数据的情况下处理数据，保障数据在流通与融合过程中的‘可用不可见’，成为数据安全合规流通的一种‘技术解’，已被应用于数据密集型行业”[3]。由此可见，数据确权与数据资产管

[1] 郑伟文，栾添，张祥．超导量子芯片硅穿孔填充技术 [J]. 科技导报，2024（2）：50-57.

[2] 张超．实现数据确权与保护，数据密态渐成行业共识 [EB/OL].（2022-05-24）[2024-06-10]. https：//tech.cnr.cn/techph/20220524/t20220524-525836/56.shtml.

[3] 贾轩，白玉真，马智华．隐私计算应用场景综述 [J]. 信息通信技术与政策，2022（5）：45-52.

理中，区块链技术、数据密态技术、时间刻录与储存技术三个方面的工程技术方法资质截至目前仍然紧缺，需要深入研究攻关并形成普及性职业教育，进而提高专业化程度。

区块链技术是指数据确权与数据资产管理要以时间戳、签名、去中心化及分布式存储等特性，来实现数据信息中的隐私干预和安全保障，“即数据以‘块状’结构加上时间戳（Timestamp）链接起来且块数据均渗入密码学对其哈希（Hash）设置保护，可见数据来源可追溯不可篡改且分布式存储，这就大大消解了个体数据隐私等非理性化现象风险”[1]。由此可见，虽然区块链技术在当前社会中已经较为成熟，但是普及化程度低，特别是密码学的融入还有很大提升空间，因此该技术资质还需要职业教育化发展。

时间刻录与储存技术主要有三个方面的工作。一是对确权数据的产权信息和确权时间进行刻录写上信息标签，然后融合区块链技术融入数据本身；二是对原数据的价值贡献值、确认时间及产权信息一同进行刻录写上信息标签，同样融合区块链技术融入数据本身；三是将数据资产的每个流通与交易等活动信息，包括流通、交易协调和数据价值信息及产权占比价值的信息，以及数据价值贡献值发生变化的结算信息和结算后的影响值等信息，以区块链技术融合写上信息标签嵌入数据本身。综合三个主要工作可知，虽然数据确权与数据资产管理中的时间刻录与储存技术有隐私计算的四大核心技术（见图 2-1）助力发展，但是其系统性仍然存在一定风险和偏差及技术改进空间，所以应当加大技术攻关并推动普及化职业教育，从而保障专业化资质提质增效。

（二）因数据确权与数据资产管理的深化发展可能产生的专业化工程技术资质

数据的诞生是信息革命的产物，在人类历史的早期也未发现它具有产权

[1] 潘建红，潘军．大数据时代个体数据理性化悖论与消解 [J]. 甘肃社会科学，2018（2）：45-50.

性、收益性和资产性及爆发性价值等特征。数据确权与数据资产管理也会出现一定的新拓展、新空间和新功能。如果以前是人类未曾预见的，那么如今海量数据的爆发特性和历史经验告诉我们这是必然的。虽然无法预测技术专业资质的发展，但是其发展方向还是可以预见的，如数据资产收益中的数据爆发性价值会引发人们思考形成信息产品的销售和供给服务，甚至会形成数据爆发性价值的产业链、衍生链，以及爆发性价值的深度加工分析技术。

具体来说，数据确权与数据资产管理的深化发展必然推动许多专业化工程技术的出现，帮助一些组织和个人更好地管理和保护数据资产，其中衍生的相关专业化工程技术资质可能会围绕以下几个主要方面产生。一是数据确权工程技术。这些技术旨在确保数据的所有权和合法使用，包括数字水印技术、区块链技术和加密技术。数字水印技术可以嵌入数据，用于追踪和验证数据的来源和完整性。区块链技术可以提供去中心化的数据确权和验证机制，确保数据的透明性和不可篡改性。加密技术可以对数据进行加密，确保只有被授权人员才可以访问和使用数据。二是数据分类和标记工程技术。这些技术用于对数据进行分类和标记，以便更好地组织和管理数据资产，包括自然语言处理技术、机器学习和深度学习技术。自然语言处理技术可以对文本数据进行分析和标记，识别出关键词、主题和情感等信息。机器学习和深度学习技术用于对大规模数据进行自动分类和标记，以提高数据管理的效率和准确性。三是数据隐私保护工程技术。这种技术旨在保护个人隐私和敏感数据的安全，包括数据脱敏技术、访问控制技术和隐私保护算法。数据脱敏技术可以对敏感数据进行匿名化处理，防止个人身份的泄露。访问控制技术可以确保只有经过授权的人员方可访问和处理数据。隐私保护算法可以对数据进行加密和安全计算，以保护数据的隐私性和机密性。四是数据治理工程技术。这些技术用于建立和实施数据治理框架，确保数据的质量、一致性和合规性，包括数据质量管理技术、元数据管理技术和数据合规性技术。数据质量管理技术可以对数据进行质量评估和清洗，以确保数据的准确性和完整性。元数据管理技术可以记录和管理元数据信

息，促进数据的可理解性和可发现性。数据合规性技术可以帮助组织或个体在遵守相关法规和标准下确保数据的合规性和安全性。综上，这些专业化工程技术是数据确权与数据资产管理发展的产物，可使一些组织和个人能够更好地管理、保护和利用自己的数据资产。随着技术的不断进步，这些工程技术也将不断演进和完善，应对不断增长的数据管理需求和挑战。

（三）因数据确权与数据资产管理的深化发展可能被淘汰的专业化工程技术资质

值得注意的是，这里的淘汰技术不仅是不用的技术，还包含技术普及后不被列入突出的技术地位。也就是说，一些技术会在时间的长河中被作为习惯性动作，而不是真正的关键性技术。那么，到底哪些技术可能会随着数据确权与数据资产管理的深入研发应用而成为淘汰的技术呢？也许，最早会被淘汰的技术是数据化技术。虽然现在数据化技术是平衡发展中的紧缺技术，但是人类很快会发现我们已然完全生活在智能终端自动数据化的多维世界中，无须刻意数据化我们的一切社会活动。还有数据汇聚技术、数据清洗技术等，这些技术随着人类文明的进步都会形成人们的自觉行为。数据确权与数据资产管理的深化发展的确可能淘汰或者更新一批专业化工程技术方法及其资质。

从广义上来看，一些传统的专业化工程技术更有可能会被逐渐淘汰或减少使用。一是传统的数据备份和恢复技术。随着数据资产管理的深入研发、应用发展，一些组织和个人对数据的备份和恢复需求变得更加复杂和全面，传统的备份和恢复技术可能无法满足这些需求，因为它们可能缺乏灵活性、效率和可扩展性。取而代之的是新兴的数据管理平台和云服务提供商提供的更先进的备份和恢复解决方案，包括增量备份、容灾恢复和自动化操作等功能。二是单一用途的数据管理工具。传统的专业化工程技术中，许多组织和个人使用各种单一用途的数据管理工具，如电子表格软件、数据库管理系统和文件管理软件等。然而随着数据资产管理复杂性的增加，这些单一用途的数据管理工具可能无法满足全面的数据管理需求。取而代之的是综合性的数据管理平台和集成工具，它们可以提供更全面、集中化和可定制化的数据管理功能。三是传统的数据集成和转换技术。过去，数据集成和转换往往是通过手工编写和执行脚本或使用专门的抽取、转换和加载（ETL）工具完成的，然而这种方式可能显得烦琐、容易出错且不够灵活。随着数据资产管理的深入发展、深度应用，一定程度上会出现更先进和自动化的数据集成和转换技术，如数据管道、数据湖和数据虚拟化等，它们可以更高效地实现数据的集成和转换。四是传统的数据安全和访问控制技术。随着数据确权和隐私保护的重要性增加，传统的数据安全和访问控制技术可能变得不够安全和可靠，如传统基于角色的权限访问控制（RBAC）可能无法提供足够的精细化权限管理和动态访问控制。因此，新兴的数据安全技术，如基于策略的访问控制（PBAC）、基于属性的访问控制（ABAC）和零信任安全模型等，将逐渐取代传统的访问控制技术。

需要注意的是，虽然一些专业化工程技术可能会逐渐被淘汰，但是这并不意味着它们完全失去了价值。在特定情况下，这些传统专业化工程技术仍然可能是特殊应用场景中的重要技术和新技术的理论基础与实践基础。

第五章　科学技术哲学视野下数据确权与数据资产管理的新范式

由“研究”一词的科学内涵可知，它具有积极寻求根本性原因和实践方法的特性，旨在探索取得更高可靠性实现目的活动的需要方法和规律依据。研究是一项为提高人类认识世界和改造世界的能力、人的自由全面发展的可靠性和稳健性而做的基础性、探索性工作。生活在数智时代的人类正逐渐走向万物互联的新时代，数据确权与数据资产管理的成功实践必然需要提炼一种能够融合应用的理论范式与实践范式。这不仅是数据确权与数据资产管理的需要，而且是数智时代走向深入、高质量发展的传承诉求和实践诉求。一方面，研究出来的理论范式能够被传承，或者说在满足条件下可以实现更广范围和更长时间的推广应用，进而丰富人类的物质生活与精神生活；另一方面，研究提炼出来的理论范式和实践范式能使后人在借鉴研究或开展实践活动中提炼更科学、更紧凑、更便捷的工程技术、工程方法、工程知识等，推动海量数据的爆发性价值为人类生产、生活服务，进而推进人类文明、人类对世界的更全面认识和实践，以及人的自由全面发展。因此，研究论证数据确权与数据资产管理的理论范式与实践范式具有深刻的现实意义、长远的发展价值。

人们通常认为“范式”一词源于托马斯·库恩的“范式理论”。虽然托马斯·库恩认为范式理论存在一些不理想的地方，但是“范式”还是被现代社会中的广大学者认可并广泛应用于学术研究。因此，我们吸取理性的“范式”内涵，对数据确权与数据资产管理的新理论逻辑和实践操作进行归纳、提炼，试图在守正创新的基础上形成数据确权与数据资产管理的创新范式，让数据确权与数据资产管理的理论范式与实践范式在传承、延续发展中获得更深入的发展和高质量的传承，包括为人类的自由全面发展和文明进步服务。基于此，一般情况下“凡是共有这两点特征的成就，我此后便称之为‘范式’”[1]。一个特征的成就是“能吸引一批学者对科学技术哲学视野下数据确权与数据资产管理产生坚定地认同和忠实拥护”；另一个特征的成就是“能对科学技术哲学视野下数据确权与数据资产管理的新问题形成新的解决理路”。“由此可见，范式是科学共同体共有的一组信念、规范乃至一整套世界观与方法论，且先于并指导着科学研究活动，这种社会建构论式的定义被逐步固定下来。”[2]“由此看来，虽然如库恩所言，范式的确是科学共同体所共有的一组信念、规范甚至世界观与方法论，但这并不来源于科学家之间的主观约定，而是基于技术实践的辩护”[3]，也必然包括已论证的可实践的数据确权与数据资产管理工程方法论的诠释，“因此，范式并不是凌驾于观察，脱离现实实践的思维产物，并不先于并决定观察，而是建立在理论与观察相互作用的不间断循环之上，并最终通过技术实践确立其在整个学科的地位”[4]。那么，数据确权与数据资产管理的新范式到底是什么、新在哪里、应当如何总结。正如托马斯·库恩所言，它往往源于实践技术。支持这一观点的陈石磊、王伯鲁在《基于理性主义的“范式”流变考察》一文中已经论证。由此，我们有充分的理由认为，理论范式确立于方法论策略，实践范式确立于技术实践。

---

[1] 托马斯·库恩．科学革命的结构：第4版[M].金吾伦，胡新和，译．北京：北京大学出版社，2012.

[2] 陈石磊，王伯鲁．基于理性主义的“范式”流变考察[J].科学技术哲学研究，2022（1）：83-88.

[3] 陈石磊，王伯鲁．基于理性主义的“范式”流变考察[J].科学技术哲学研究，2022（1）：83-88.

[4] 陈石磊，王伯鲁．基于理性主义的“范式”流变考察[J].科学技术哲学研究，2022（1）：83-88.

第一节　数据确权与数据资产管理的理论范式

理论是指人们对客观世界及其规律的正确认识、理解、论述、规律总结和应用方法。虽然理论范式确立于方法论策略，但是理论范式也有一定的价值确立于技术实践。这不仅因为理论与实践往往是分不开的，而且是既独立又辩证统一的一体两面。理论知识和实践操作是科学技术得以传承、发展不可或缺的两条腿。理论知识能让实践操作通过学习积累实践认识并指导实践操作，实践操作能检验理论知识的真假并实现守正创新发展。基于研究的严谨性，我们在研究科学技术哲学视野下数据确权与数据资产管理的理论范式时，不仅重点考察数据确权与数据资产管理的工程流程、实践方法和实施策略，还在一定程度上结合技术实践佐证和验证，也必然包括对一些可靠的、先进的数据确权与数据资产管理理论进行借鉴研究。

一、数据确权与数据资产管理的理论范式直接确立于其方法论策略

从第四章中数据确权与数据资产管理的工程方法论研究可知，科学技术哲学视野下数据确权与数据资产管理的理论范式有：一是对数据确权与数据资产管理的正确认识，且基于科学技术哲学理论，是广大科学技术哲学研究者坚定认同并广泛应用的一种理论基础；二是对数据确权与数据资产管理的本体论阐释，包括剖析数据确权的重点、难点和热点等问题，并创新利用科学技术哲学的理论体系分析解决这些问题的全过程总和；三是对数据确权与数据资产管理的具体化提出工程论、方法论及其可实践的逻辑基础研究，同时包括拓展的新的“问题⟷知识⟷问题”和“数据⟷信息⟷知识”等数智范式，且新范式与旧范式既相互区别又有联系。

（一）认识论的范式拓展：新认识论范式更精准化、数据化和智能化

传统的认识论是人们在自然世界中通过“实践⟷认识”循环往复而让人获得由感性认识向理性认识升华的全过程，是人的“知、情、意、信、行”的主观能动性在发挥认识的作用，是人以长期“实践⟷认识”循环往复获得的经验、总结的知识作为判断前提的“问题⟷知识⟷问题”思维范式在思考解决认识问题和促进认识论向前进步发展与丰富发展的问题。正如马克思指出：“人的思维是否具有客观的真理性，这不是一个理论的问题，而是一个实践的问题。”❶ 因此，科学技术哲学视野下数据确权与数据资产管理的认识论的实践范式，不仅来源于马克思主义认识论的基本立场、观点和方法，而且参考了硅基智能机器对申报确权数据与数据资产的“数据⟷信息⟷知识”的认识意义上的验审范式与大数据技术“问题⟷数据⟷问题”的解决问题运行范式。由此可见，数据确权与数据资产管理的认识论范式有了新的变化，是一种新的拓展，是更精准化、数据化和智能化的认识过程与结果。

1. 精准化方面：数据确权与数据资产管理呈现所有权与收益权增减挂钩

研究科学技术哲学视野下数据确权与数据资产管理研究的价值目标在一定程度上是为了解决数智时代实践层面的数据权属及其大小、多少与数聚爆发性价值的收益有机统一的问题。正是基于这样的实现诉求及实践具体操作事实，科学技术哲学视野下数据确权与数据资产管理呈现所有权及数据所有权份额认定与数聚的爆发性价值收益权增减挂钩机制，在数智时代人们的社会实践活动中获得一致认同并被应用，否则数聚的爆发性价值会因数据确权的不稳定、认定不客观而丧失数据收益权，甚至遭受数据暴力，以及出现一系列数据权利、数据隐私等非理性现象及重点、难点和热点问题。笔者在《大数据时代个体数据理性化悖论与消解》一文中指出：“如今大数据时代，科技进步使得个

---

❶ 马克思，恩格斯．马克思恩格斯文集：第 1 卷 [M]. 中共中央马克思恩格斯列宁斯大林著作编译局，编译．北京：人民出版社，2009：500.

体对自身信息的控制力减弱，个体理性对大数据时代的数据安全不再起关键性作用。”[1] 鉴于此，以科学技术哲学为理论支撑，对数据进行申报认定、价值评估、信息安全保护、权属确认和数聚融合应用管理，都是在丰富和发展精准化的数据确权与数据资产管理的认识论。这些也是形成数据确权与数据资产管理的实践前提，更是实践呈现数据所有权及数据所有权份额认定与数聚的爆发性价值收益权增减挂钩的根本前提与基础，也必然形成数据确权与数据资产管理的理论提炼基础。研究探索的数据确权与数据资产管理的方法论、工程论等实践范式，必然能成为提炼具有科学性与系统性的数据确权与数据资产管理的本体论、知识论、价值论等理论范式。

2. 数据化方面：数据确权与数据资产管理体现非显性的数据资源财富化

传统数据只是一种纯粹的显性信息，而当前的大数据不仅是一种显性信息，而且是具有爆发性价值的、显性与隐性相结合的信息体。从价值资源理论上来看，数据和大数据的本质都是一种数据资源财富，但是数据的信息财富是直接的，也是与信息发布者、生产者紧密联系在一起的，即数据所有权与收益权之间一般来说是对等和统一的，很少存在数据所有权与收益权分离的情况。然而数智时代的海量数据聚集与传统社会的数据不同，大数据和大数聚不仅是数据生产者与数据受益者之间存在不对称性发展现象的结果，而且在数据搜集者、数据加工者等大数据和大数聚的全过程及其各个环节中均存在数据所有权与数据收益权之间的分离矛盾、不对称性发展关系和权益纠纷。这就使得大数据和大数聚这一财富资源的权属与权益关系之间在一定程度上出现权益矛盾和不和谐因素。而科学技术哲学视野下数据确权与数据资产管理研究旨在解决数智时代数据产权与数据权益不统一的问题，并在解决这种非辩证统一的突出问题中确立数据财富资源的合理关系，包括法律上的所有权与收益权关系。这就使得科学技术哲学视野下数据确权与数据资产管理研究为大数据和大数聚的财

[1] 潘建红，潘军．大数据时代个体数据理性化悖论与消解 [J]. 甘肃社会科学，2018（2）：45-50.

富化构建从非显性到显性的权益关系，且是数据化的形式与技术展开的，既是“数据财富化”又是“财富数据化”的综合业态。正如应急管理大数聚，其“数据治理改变了以往只靠人为经验决策的历史，通过大数据和科学的应急管理系统，实现了应急监督、监测预警、应急救援、分析决策、政务管理等智慧应急管理功能，为我国应急管理体系带来全面的提升”[1]。

3. 智能化方面：数据确权与数据资产管理爆发出海量数据的巨大价值与福利

正是海量数据的聚集，数据在“信源⟷信道⟷信宿”的循环往返传输过程中，通过不断进行“数据⟷信息⟷知识”的识别、翻译、解析逐渐获得了接受力、感受力、反馈力和驱动力，即数据智能体的形成，进而爆发出海量数据建模下的数据新价值、新联系、新视野、新动能。“其中，数据流程理论是核心内容，建立在集合、映射和样本空间这三个数学概念之上，将数据建模过程视作由结构化样本空间到目标空间的链式映射关系，给出了最底层的关于数据建模流程的数学描述；数据流程控制理论是辅助内容，包含复杂度（成本）评估、效用（损失）评估和流程性质探讨；数据流程范式是实践指导性内容，探讨了数据建模流程的一般组织形式，以及智能化流程的可行方案。”[2]由此可见，从智能科学的视角来看，“数据建模是建立数据模型的过程，是为了明确某一组织结构及其操作，而使用一组技术和实施一些活动，提出一个信息解决方案，从而实现该组织的某些目标，在建模过程中，需分析数据和数据之间的关系，对所要模型化的内容具有清晰的认识”[3]。从科学技术哲学视角来看，数据建模旨在做成一个数据模型，再让海量数据中的显性信息和隐性信息被解析出来，为人类的美好生产、生活向往服务，为人类解放和人的自由全面发展服务。以上两种视角无不体现海量数据的聚集必然爆发出巨大的价值。这也正

---

[1] 龙志东．数聚赋能夯实应急管理信息化基础分析 [J]. 无线互联科技，2021（14）：98-99.

[2] 刘帅．数据建模系统理论方法研究及应用——基于结构化数据的智能建模理论与成果 [D]. 北京：首都经济贸易大学，2022：I.

[3] 倪彬彬．数据建模浅析 [J]. 电脑知识与技术，2018（30）：3-4.

是数据聚集的目的和价值，否则数智时代的数据不会成为新质生产力，更不会成为人们青睐的对象，也绝不会被人类作为生产要素。

（二）本体论的范式拓展：与传统物的确权和资产管理一样，是将数据物化、产权化和资产化

传统的认识数据确权与数据资产管理的本体论一般习惯性的指向是土地权属的数据化和资产数据化管理这种狭义本体。而在人工智能、大数据时代，数据确权是指关于人的结构化和非结构化的信息、图片、视频、文本、音频等，以及土地确权信息等都被统称为“数据”，且将这种数据的所有权、使用权、收益权、支配权进行法律视野下的“数据刻录写标签”放入数据安全储存库加密以确权和保护其产权。《光明日报》上的一篇文章指出：“数据确权，是从法律制度层面明确数据处理活动的持有者、加工者等法律主体的权利内容。如果数据权属无法确定，则数据流通的合法性难题就无从破解。但数据具有无形、可复制等特性，涉及多元利益主体，其确权逻辑与传统财产存在诸多不同。”❶数据资产管理是指关于人的已确权的数据资产化（切记不是资产数据化），然后像经营货币资产、房屋资产等一样进行线上管理和营运，让数据资产活起来、产生价值和收益，即“数据资产管理是指对数据进行规划、控制、组织、协调和监督等一系列活动，以实现数据的有效利用和价值最大化。数据资产管理对于企业的重要性不言而喻，它可以帮助企业提高决策效率、优化业务流程、降低成本、增强竞争力”❷。总之，这样的数据本体不仅不是传统的二维表结构数据本体，更不是简单的且价值难以估算的资源主体和资产主体，而是区别于传统物的确权与资产管理。正如会计学中对数据资产的定义：“由特定企业拥有或控制的、以数据化形态存在的可辨认非货币性资产。”❸

❶ 王琎，底亚星．数据确权：必要性、复杂性与实现路径 [N]. 光明日报，2024-03-15（理论版）.

❷ 王何佳，刘瑞，丁建琪．数据资产管理中的自动化价值评估与应用 [J]. 中国信息界，2023（6）：158-159.

❸ 王杰伟，夏珺峥．数据资产识别的方法与实践 [J]. 中国信息界，2024（1）：97-101.

（三）方法论的范式拓展：数据是确权与资产管理的核心对象，而数据驱动又是实践的可靠方法

数据是确权和资产管理的核心对象，而数据驱动又是实践中可靠的方法。数智时代，数据驱动是最大的力量源泉。数据驱动是由数据决定的。数据驱动，本质上就是抽象人的行为、情感、思想的数据的内涵在运行层面上的解读与阐释。当然，这意味着不再依赖直观或经验，而是依靠数据指导企业运营和战略规划。数据驱动的方法有助力减少不确定性、提高决策的精度，并加快问题的解决。而在传统的数据确权与数据资产管理中，不仅在认识上是传统的，而且在处理手段和方法上也是传统的，如传统的“数据确权”在一定意义上是对土地边界现状图、地形图及其权属演进史进行文字化、图片化等形式的记载。而当前的数据确权是对上述一系列数据信息总和确定在某一个体和组织单位名下，并认可其是数据资产，且是可以在社会活动中产生增值价值的活动。传统的物化产权和资产管理是人对物、物对物、技术对物的确认，以及人的书写刻录产权和资产管理，即使有技术性的产权登记和资产管理，其技术本身也是装备式的，其几乎完全不是虚拟化地以数据驱动数据确权与数据资产管理。而数智时代的数据确权与数据资产管理是信息革命以来的新载体、新理路。

二、数据确权与数据资产管理的理论范式间接确立于技术实践

诚然，“理论范式不应只是一种理论体系的构架，它更应注重的是理论如何随实践的变化而发展。科学的理论构架应当体现其开放性，革命性特征。科学理论范式呈现的是理论和实践、方法和价值、框架和范畴的统一”[1]。数据确权与数据资产管理中的工程技术有若干种类，但是归集起来就是人工智能大数据技术、区块链技术、数据时间刻录和储存技术、数据密态技术、数据估值

[1] 曹军辉．马克思主义国家理论范式转换研究 [D]. 成都：电子科技大学，2011：31-32.

技术和数据资产化管理与收益技术等几大种类。工程技术的实质是一些工程知识、人们实践总结的真理积累和价值经验应用。这些工程知识真理和价值经验不仅为数据确权与数据资产管理的实现存在，而且为保障数据确权与数据资产管理存在。因此，从“为什么”来看，工程技术是知识、真理；从“保障什么”来看，工程技术是价值调控和价值导向。数据确权与数据资产管理的理论范式在技术实践中主要体现为工程知识论和工程价值论。

（一）工程知识论：数据确权与数据资产管理的知识真理与实践经验

工程知识论不是新概念。“中国工程界和哲学界在马克思主义指导下跨界合作创新，形成了工程哲学的中国学派，提出了工程哲学的‘五论’框架。‘五论’之中，科学—技术—工程三元论是开拓工程哲学的理论前提，工程本体论提出工程是现实的、直接的生产力，是‘五论体系’的核心。工程方法论、工程知识论和工程演化论也都是工程哲学的重要组成部分。”[1]诚然，在数据确权与数据资产管理中，不仅有诸多知识真理，还有诸多价值性实践经验。在知识真理方面，如“数据⟷信息⟷知识”的知识真理产生过程与模型是区别传统人们社会实践的知识真理提炼范式的新范式；在价值性实践经验方面，如“信源⟷信道⟷信宿”的感受力与接受力，在传统社会中是一项信息通信技术，而当前已成为常态化的价值性实践经验。由此可见，在数据确权与数据资产管理的实践中，知识真理的“数据⟷信息⟷知识”化的范式与价值性实践经验的“信源⟷信道⟷信宿”化的范式，共同集成为新常态和新范式。正是这样，工程哲学界认为，“在工程知识论领域，工程设计知识、工程集成知识、工程管理知识、工程评估知识、默会性工程知识、操作性工程知识均具有重要意义，而这些知识内容和形态都是以往的‘知识论研究’所忽视的知识内容和形态”[2]。

---

[1] 殷瑞钰，李伯聪．工程哲学的兴起与中国学派的开创 [J]. 人民论坛·学术前沿，2023（9）：6-15，81.

[2] 殷瑞钰，李伯聪．工程哲学的兴起与中国学派的开创 [J]. 人民论坛·学术前沿，2023（9）：6-15，81.

（二）工程价值论：数据确权与数据资产管理的价值导向与价值调控

工程必然是要有价值的，否则人类没有必要费尽心思规划设计和抢先建造某工程。[1] 在数据确权与数据资产管理中，不仅有工程本身的价值导向引领数据确权与数据资产管理向有序、效益和臻真、臻善、臻美的价值方向发展，而且有具体的价值技术调控数据确权与数据资产管理朝向上向善的价值方向发展、向无恶的实践价值方向发展。正因如此，朱葆伟指出，“从立项到建造，到验收和使用，价值评价贯穿了工程活动的全过程”[2]，即“工程与价值有着更为直接的、密切的联系。从价值论研究的角度看，工程价值论也是题中应有之义”[3]。由此可见，数据确权与数据资产管理的全过程时刻体现价值调控和价值导向的调控作用与地位，甚至这种向上、向善的有序价值调控还在数据智能体中彰显，即通过知识真理的“数据⟷信息⟷知识”化范式与价值性实践经验的“信源⟷信道⟷信宿”化范式时刻奋战。笔者认为，这样的价值调控实质是在一定程度上助力“人的自由全面发展”演进。基于此，数据确权与数据资产管理的价值导向与价值调控是其工程价值论的核心内容，是新的价值调控范式。

第二节　数据确权与数据资产管理的实践范式

数据确权与数据资产管理的实践范式不仅直接确立于技术实践，而且间接确立于工程方法论。在具体的技术实践中，如时间刻录标签技术是数据确权的核心技术，它的原理是以刻录的方式将确权的时间、数据价值和产权信息植入确权数据形成新形式的“块数据”，这个新形式的块数据有区块链技术的密码

[1] 朱葆伟．开展工程价值论研究的重要意义 [J]. 工程研究——跨学科视野中的工程，2022（1）：5-6.

[2] 朱葆伟．开展工程价值论研究的重要意义 [J]. 工程研究——跨学科视野中的工程，2022（1）：5-6.

[3] 朱葆伟．开展工程价值论研究的重要意义 [J]. 工程研究——跨学科视野中的工程，2022（1）：5-6.

保护、有区块链的摘要式标签。这种具体实践技术与传统的纸质标签不同，与过去计算机中数据库管理的标签也不同，是一种现代网络中出现的新技术范式，是信息革命中的新技术，而且这种技术的处理速度、广度、效度和精度与传统相比更高、更快、更好、更强。再如，工程方法中“可用不可见”的密态技术就是四大核心技术以数据分块、加密、去中心化储存与不可修改的方式让数据形成新形式的密态范式，即数据本身的信息与价值不可直接获得，成了加密式的新形式数据。当然，这样的解密是可能的，只是所需要的运算相当大，且相当复杂，成本相当高。由此可见，数据密态技术这样的方法论在实践中也是很有用的，如银行、政府文件等都可借鉴应用，目前只是一种为了数据确权与数据资产管理而攻关的新技术和新技术范式。质之言，在数据确权与数据资产管理中，“虽然区块链、智能合约、时间戳等技术手段可以对部分数据主体、数据行为进行记录，但是一般法律关系包括主体、客体和权利义务等基本要素，技术记录距离基本法律要素的提炼仍然存在差距。为了使数据权利的变化进程在法律意义上可呈现、可分析，还需把握权利分析的内部视角，借助技术手段完成基本确权要素的提炼”[1]。总之，截至目前虽然有大量技术实践和工程方法论富含人工智能大数据时代的实践范式，但是必须对其进行提炼研究。

一、实践范式直接确立于技术实践

在数据确权与数据资产管理整个过程中的技术有很多。从微观层面来看，这些技术是难以计数的，因为这些技术是普及的简单技术，不必一一列举，如数据复制和拷贝技术；从中观层面来看，这些技术大体有数据搜集技术、数据验审技术、数据清洗技术、区块链技术、时间刻录与标签技术、数据估值技术、数据密态技术、数据储存技术、数据加工分析技术等；从宏观层面来看，有人工智能大数据技术、数据刻录与标签化处理技术、数据密态技术、数据估

[1] 康宁．数据确权的技术路径、模式选择与规范建构 [J]. 清华法学，2023（3）：158-173.

值技术等现代科学技术。然而这些技术实际上是人利用人工智能大数据技术和一些现代科学技术对数据进行从“一种呈现形式”到“另一种呈现形式”的加工、利用的技术集的有序使用和组织使用。质言之，这些技术是对海量数据加工整理与融合应用的技术集，而且这种加工整理与融合应用的技术集主要是使数据资源实现社会化应用和收益，本质上是对数据中的价值资源实现社会化应用和收益。

（一）工程技术论：数据确权与数据资产管理的技术集是使数据价值实现社会化应用与收益的实践范式

在二维表结构的数据里，数据是没有太大爆发性价值可以实现社会化应用与收益的，它往往只是人们在某些方面有记录显示而已。而在数智时代，数据不仅是社会化的对象，还是呈现社会化应用和收益的载体，其海量数据的聚集能在“数据⟷信息⟷知识”的运行范式中呈现社会化融合应用的爆发性价值和巨大收益。这是技术工具的功劳，因为技术主要解决工具性任务，即做什么、怎么做[1]，进而以技术将数据中的一些显性或隐性价值呈现出来。正如有学者指出：“从企业层面看，技术创新能够令企业获得持续竞争优势，实现更加长远的发展，实现价值最大化的目标；从国家层面看，技术创新活动具有明显的正外部性，一项新技术、新工艺的出现能够带动许多相关产业的发展，为整个社会注入持续的经济增长动力。”[2]质言之，数据确权与数据资产管理的具体技术、技术集是使数据价值实现社会化应用与收益的最可靠实践范式。正因如此，陈昌曙教授指出：“科学理论如果不经过技术就不能转化为物质生产力，振兴经济必须直接依靠生产技术，必须充分重视技术研究、技术发明和技术推广，为创造大量技术成果和推广新技术提供合适的社会条件。”[3]

---

❶ 陈昌曙．论科学与技术的差异 [J]. 科学学与科学技术管理，1982（1）：9-11.

❷ 王颖．技术创新对企业价值的影响研究 [J]. 中国市场，2024（9）：91-94.

❸ 陈昌曙．论科学与技术的差异 [J]. 科学学与科学技术管理，1982（1）：9-11.

（二）工程控制论：数据确权与数据资产管理的技术集是使数据价值实现社会化价值转换的实践范式

工程控制论，“这是生产过程自动化和自动控制系统的基础理论。它比一般所谓自动调节和远距离操纵理论的范围要广，而它也正在引用最近系统数学的成就进一步扩大它的领域，为设计更完善的自动控制系统打下基础”[1]。在数据确权与数据资产管理中，“数据⟷信息⟷知识”的运行范式和“信源⟷信道⟷信宿”运行范式的协同，不仅能呈现数据智能体、呈现智力，还能呈现数据之“道”，保障数据确权与数据资产管理朝着为了人民和服务人民的方向发展。也许有人会问，这个道与人类认识的自然之道是否相同。当然，AI 道德和人的道德也有一定的区别和联系。二者的区别：人的道德是通过人的主观能动性实现并内化于心的，即由“知、情、意、信、行”支配人的思维范式，使人通过实践对道认识、认可后形成知识体系或价值观体系，并记录和记忆下来，使人的实践活动以“问题⟷知识⟷问题”的思维范式获得验证，即在长期的实践中获得稳定性的德性；而 AI 道德受 AI 本身不具有主观能动性制约，它的实践范式必然区别于人，而主要是对人类行为数据的收集、加工和深度学习，即由“数据⟷信息⟷知识”的循环运行，获得“道”的知识体系或 AI 价值观，从而支配其运行过程、运行行为及运行情感在“问题⟷数据⟷问题”中获得道的知识体系或价值观验证。由此可见，数据确权与数据资产管理的技术集是对数据价值实现社会化价值转换的实践范式。

二、实践范式间接确立于工程方法论

数据确权与数据资产管理的工程方法论不仅论述工程实践的技术范式，而且论述工程策略范式，呈现数据确权与数据资产管理的一系列实践经验、实践

---

[1] 钱学森．论技术科学 [J]. 工程研究——跨学科视野中的工程，2010（4）：290-300.

操作流程、实践操作指南等实践范式，为数智时代数据确权与数据资产管理实践提供强大的指导力和实践力。

（一）实践操作流程：数据确权与数据资产管理的工程方法论是可靠的实践操作流程

数智时代的数据确权与数据资产管理是有清晰操作流程的工程方法论。

1. 数据确权申报

首先必须在数据确权申报入口进行数据申报，不申报的数据确权是难以获得产权收益保障和数据安全保障的，所以此实践的第一个环节旨在解决数据确权的申报志愿性。当然，实践中数据申报人必须向申报机构办理填写数据来源说明、数据真实性承诺书等手续，并对此承诺承担相应的产权法律责任。同时，在申报中注明是否需要加密保护有关内容中的私密信息数据。若需要进行一些数据加密，由数据确权机构明确技术职能部门加密保护；若不需要进行加密，则由数据确权机构在一定的数据确权验证期后作出行政决定。数据确权验证期后，由数据确权机构向数据申报人告知数据内容的查验结果，包括查验后数据的真实性情况、数据价值性评估情况及是否需要对申报数据加密的建设性意见。若数据确权申报人对查验结果有异议，数据确权机构应当在一定时间内举行听证。最后，由数据确权机构作出是否予以数据确权登记的行政决定。

2. 数据验审

数据申报后才能进入对申报确权的数据进行验审环节，这是对产权人负责的实践方法。一是充分体现数据确权申报人的志愿性；二是充分体现数据确权机构的办事严谨性。数据验审环节是由数据确权机构对申报确权的数据真实性、价值性、私密性等进行综合性预评估，也是数据确权机构作出数据申报确权是否全部或部分予以进行数据确权登记的重要环节。此环节主要包括四项重要的工作内容。一是指导数据确权申报人办理包括填写有关数据确权申报文书

等手续；二是将数据确权申报人的数据和有关文书移交技术职能部门查验，并督促技术职能部门在规定工作时限内给出查验结果；三是将技术职能部门查验后的结果告知数据确权申报人，还包括与技术职能部门一起解释其查验结果，以及收集数据确权申报人反馈对技术职能部门查验结果的赞同意见或部分赞同意见等信息、协助技术职能部门做好查验结果听证会议等工作；四是作出拟定性的行政决定，并报上级部门批准。

3. 办理数据确权刻录

以上级批示的同意数据确权申报人数据确权行政决定为依据，以时间刻录方式记录数据确权人的产权信息、储存时间和价值大小等信息。这一环节是确权的重要实践环节，还包括以下具体的工作流程：第一，接收上级批示，与技术职能部门一起对确权申报数据进行加密，并将刻录产权信息汇入确权申报数据；第二，告知数据确权申报人数据确权事实，并在双方验证信息下颁发数据确权证书；第三，告知数据产权人有关权益、安全风险及保管措施（如确权证书和数据的自储存保管）。

4. 数据密态化与储存

这是为确权数据资产化做准备的重要环节。此环节包括如下两项具体工作流程：一是对上级批示的同意确权的数据进行密态技术处理，即让确权数据信息内容或部分信息内容“在不可视下做到可用”；二是让确权数据在加密和有产权信息的保护下汇入数据湖储存，以及让确权的数据处于等待时机进行资产化流通状态，即让确权数据时刻准备接受资产化管理。

5. 数据资产管理

数据资产管理主要是对行政许可的数据进行加工分析，即以确权后在数据湖中等待进行市场化的数据信息产品为对象进行市场化运作，包括商务洽谈、数据加工分析、市场收益后的收益清算与数据价值再估算，以及资产化后的综合信息刻录与加密保护。商务洽谈是指以数据湖中的数据资源进行招商等商务洽谈活动，包括洽谈合作模式、利益分配、数据加工方式和数据开发使用程度，以及对产权人的收益权和信息保护权的维护等。其中，数据开发使用程度的知情和掌控是体现数据资产管理机构对产权人知情权的重要法律保护措施。数据加工分析是指以数据建模的方式对数据显性和隐性信息进行加工，实现“1+1≥2”的数聚爆发性价值。市场收益后的收益清算就是按照商务洽谈的合作协议、数据参与加工分析的贡献值、国家有关政策及税收制度化进行综合考量处理后，进行合理、合法的收益分配核算。数据价值再估算是指将产权数据在被加工分析后的价值再评估及产权信息刻录、资产化运作过程的信息刻录一起标签入数据本体，为下次数据资产化做法律责任划分和交易准备。加密保护是指对加工和收益的产权数据进行全部或部分的加密处理，以便获得安全保护。

由此可见，这五大步骤或流程是有序的，是一环扣一环的可以说，数据确权与数据资产管理的工程方法论是一张可靠的具体实践操作流程图。

（二）实践操作指南：数据确权与数据资产管理的工程方法论是可遵循的实践操作指南

数据确权与数据资产管理的工程方法论，不仅是流程图，更是实践操作的指南。第一步面向数据确权申报人，具体指导在哪里进行数据确权申报，以手机 App 和 PC 端上的网络平台为主要入口。第二步和第三步的数据验审与刻录。一方面，使用大数据溯源技术对申报数据与数据库汇聚的数据进行分析、验证和对比，特别是对产权进行验证、对产权价值进行分析对比；另一方面，在产权人确认、签字后，刻录时间、价值、产权等信息，再以区块链技术进行处理。第四步，对确权数据资产化管理，进行密态技术处理，进行流通交易的结算、税收申报、数据价值重估等，并刻录写入数据标签。由此可见，在数据确权与数据资产管理的工程方法论指导下，数据确权与数据资产管理的全过程得到详尽的实践指导，操作方法、工作流程、技术架构等具有明确的可操作性。

结　论

数据确权与数据资产管理是信息革命以来更具革命性的一件大事，不仅因为数据确权与数据资产管理实现后带来巨大的收益可造福人类，更为重要的是带给人类全新的生产、生活方式，即大数据作为劳动对象、劳动工具和劳动智慧，既改善社会的生产力和生产关系，又促进人的自由全面发展。

首先，大数据本身是劳动对象。传统社会中的小数据只是记录信息的一种符号，而今数智时代的大数据成了劳动对象，是可挖掘的信息“金矿”。因为海量数据的聚集具有爆发性价值，所以人们青睐于聚集海量数据，并让海量数据在“数据←→信息←→知识”和“信源←→信道←→信宿”的工程范式中将价值数据转化为爆发性价值数据。由此可见，在新时代，大数据成为大国之间抢占的劳动对象，像土地资源一样能形成人类社会活动的可贵信息价值。

其次，大数据本身是劳动工具。数据成为劳动工具，这是信息革命深化发展的必然，是人的主体力量的新发展。虽然大数据成为劳动工具不是信息革命可预见的目标，但是大数据成为劳动工具是数据本身特性使然。因为“价值数据→爆发性价值数据”的过程是靠数据驱动完成的，海量数据聚集中的数据智能体在驱动技术装备与系统等终端运行，且是这种智能的数据驱动的产物，所以我们称之为“人工智能技术”或“人工智能大数据技术”。

再次，大数据本身是劳动智慧。正是因为在数据确权与数据资产管理中引入人工智能大数据技术，或者数据智能体，所以数据驱动装备与系统等智能终端运行中的智慧是数据本身在“数据⟷信息⟷知识”和“信源⟷信道⟷信宿”的工程范式中提炼和呈现出来的价值信息或爆发性价值信息，且是直接“告诉”整体的数据确权与数据资产管理工程系统如何运行和如何保障价值运行的。这种能指挥数据确权与数据资产管理循环运行和保障价值运行的智慧，不仅体现人的主体力量的强大和演进发展，而且充分证明海量数据本身是劳动智慧的源泉的特性。

最后，数据确权与数据资产管理能改善人类社会的生产力和生产关系，以及促进人的自由全面发展。当然，这种改善人类社会的生产力和生产关系及促进人的自由全面发展，不仅是数据确权与数据资产管理工程系统代替人工作、解放人的劳苦实践，而且是融合工程系统有价值导向和价值保障的智能化运行，可引领和规制人类的主体力量外化时遵循向上向善的发展导向，可提升人的现代科技能力、认识世界的能力和顺应自然规律的应用能力，以及可从人与人、人与社会和人与自然的和谐关系中提升人类的人文素养和德性修养。可以说，数据确权与数据资产管理能改善人类社会的生产力和生产关系，能促进人的自由全面发展，是既定的必然，更是人、科技、自然和谐统一发展使然。

总之，除上述数据确权与数据资产管理的四个研究发现和结论之外，数据确权与数据资产管理还是数智时代人类共同富裕的资源与资产，其重要性在未来的一定时期内可能与货币、黄金、土地、工厂等一样，甚至可能更有发展。但是，人类也应当清楚：因为数据确权与数据资产管理必然更新产业链、淘汰旧的传统生产、生活方式及人类文明范式，以及引发人类生存危机、灾难、恐惧和激起人类对更高、更具个性化的美好生活的向往。这不是科学技术本身应当如何的问题，而是人类文明从来都是曲折前进的规律使然，所以全人类还应更加积极主动地适应新生活、新劳动、新社会，并引领科学技术向上、向善发展，也才能让科学技术避恶向善发展，否则利益的存在必然驱使逐利人的亡命贪婪。因此，倡导科学技术发展要循其应然之道，人类应当理性助力、监督科学技术向上、向善发展。

参考文献

一、专著文献

[1] 齐爱民 . 拯救信息社会中的人格——个人信息保护法总论 [M]. 北京：北京大学出版社，2009.

[2] 马克思，恩格斯 . 马克思恩格斯全集：第 23 卷 [M]. 中共中央马克思恩格斯列宁斯大林著作编译局，编译 . 北京：人民出版社，1972.

[3] 马克思，恩格斯 . 马克思恩格斯选集：第 3 卷 [M]. 中共中央马克思恩格斯列宁斯大林著作编译局，编译 . 北京：人民出版社，2012.

[4] 马克思，恩格斯 . 马克思恩格斯文集：第 1 卷 [M]. 中共中央马克思恩格斯列宁斯大林著作编译局，编译 . 北京：人民出版社，2009.

[5] 大数据战略重点实验室 . 中国数谷 [M]. 北京：机械工业出版社，2018.

[6] 大数据战略重点实验室，连玉明 . 数权法 3.0——数权的立法前瞻 [M]. 北京：社会科学文献出版社，2021.

[7] 马克思，恩格斯 . 马克思恩格斯全集：第 45 卷 [M]. 中共中央马克思恩格斯列宁斯大林著作编译局，编译 . 北京：人民出版社，1985.

[8] 马克思，恩格斯 . 马克思恩格斯全集：第 30 卷 [M]. 中共中央马克思恩格斯列宁斯大林著作编译局，编译 . 北京：人民出版社，1995.

[9] 江泽民 . 在庆祝中国共产党成立八十周年大会上的讲话 [M]. 北京：人民出版社，2007.

[10] 马克思，恩格斯 . 马克思恩格斯选集：第 1 卷 [M]. 中共中央马克思恩格斯列宁斯大林著作编译局，编译 . 北京：人民出版社，2012.

[11] 大数据战略重点实验室 . 块数据 4.0：人工智能时代的激活数据学 [M]. 北京：中信出版社，2018.

[12] 井底望天，武源文，赵国栋，等 . 区块链与大数据：打造智能经济 [M]. 北京：人民邮电出版社，2017.

[13] 李桂花 . 科技的人化——对人与科技关系的哲学反思 [M]. 长春：吉林人民出版社，2004.

[14] 马克思 . 资本论：第 1 卷 [M]. 北京：人民出版社，1972.

[15] 约翰·马尔科夫 . 与机器人共舞：人工智能时代的大未来 [M]. 郭雪，译 . 杭州：浙江人民出版社，2015.

[16] 诺伯特·维纳 . 人有人的用处 [M]. 陈步，译 . 北京：商务印书馆，1978.

[17] 黄石公 . 素书 [M]. 罗虎，注译，北京：中国画报出版社，2016.

[18] 阿里特舒列尔 . 创造是精确的科学 [M]. 魏相，徐明泽，译 . 广州：广东人民出版社，1987.

[19] 保尔·芒图 . 十八世纪产业革命 [M]. 杨人楩，陈希秦，吴绪，译 . 北京：商务印书馆，1983.

[20] 姜浩 . 数据化：由内而外的智能 [M]. 北京：中国传媒大学出版社，2017.

[21]《管理学》编写组 . 管理学 [M]. 北京：高等教育出版社，2019.

[22] 吕嵘 . 组织设计思维导图 [M]. 北京：人民邮电出版社，2008.

[23] 毛泽东 . 毛泽东早期文稿 [M]. 长沙：湖南人民出版社，2013.

[24] 程绍钦，纪柏林 . 提高科技工作时效的途径——科技工作定额管理 [M]. 北京：中国宇航出版社，1989.

[25] 托马斯·库恩 . 科学革命的结构：第 4 版 [M]. 金吾伦，胡新和，译 . 北京：北京大学出版社，2012.

二、期刊文献

[1] 武西锋，杜宴林 . 经济正义、数字资本与制度塑造 [J]. 当代财经，2023（3）.

[2] 闫境华，石先梅 . 数据生产要素化与数据确权的政治经济学分析 [J]. 内蒙古社会科学，2021，42（5）.

[3] 何柯，陈悦之，陈家泽 . 数据确权的理论逻辑与路径设计 [J]. 财经科学，2021（3）.

[4] 石丹 . 大数据时代数据权属及其保护路径研究 [J]. 西安交通大学学报（社会科学版），2018（3）.

[5] 姬蕾蕾 . 大数据时代数据权属研究进展与评析 [J]. 图书馆，2019（2）.

[6] 李爱君 . 数据权利属性与法律特征 [J]. 东方法学，2018（3）.

[7] 文禹衡 . 数据确权的范式嬗变、概念选择与归属主体 [J]. 东北师大学报（哲学社会科学版），2019（5）.

[8] 余俊，张潇 . 区块链技术与知识产权确权登记制度的现代化 [J]. 知识产权，2020（8）.

[9] 贾轩，白玉真，马智华 . 隐私计算应用场景综述 [J]. 信息通信技术与政策，2022（5）.

[10] 陈昌曙 . 论科学与技术的差异 [J]. 科学学与科学技术管理，1982（1）.

[11] 李伯聪 . 工程哲学与科学发展观 [J]. 自然辩证法研究，2004（10）.

[12] 李伯聪 . 略谈科学技术工程三元论 [J]. 工程研究——跨学科视野中的工程，2004（1）.

[13] 冯平 . 重建价值哲学 [J]. 哲学研究，2002（5）.

[14] 杨雷 . 论马克思主义的价值向度 [J]. 攀登，2020，39（6）.

[15] 陈昌曙 . 科学技术哲学之我见 [J]. 科学技术与辩证法，1995（3）.

[16] 王利明 . 数据何以确权 [J]. 法学研究，2023，45（4）.

[17] 莫立君 . 浅析数据资产“入表”[J]. 中国银行业，2022（12）.

[18] 申卫星 . 论数据产权制度的层级性：“三三制”数据确权法 [J]. 中国法学，2023（4）.

[19] 韦韬，潘无穷，李婷婷，等 . 可信隐私计算：破解数据密态时代“技术困局”[J]. 信息通信技术与政策，2022（5）.

[20] 赵鑫 . 数据要素市场面临的数据确权困境及其化解方案 [J]. 上海金融，2022（4）.

[21] 蒋大兴，王首杰 . 共享经济的法律规制 [J]. 中国社会科学，2017（9）.

[22] 谢富胜，吴越，王生升 . 平台经济全球化的政治经济学分析 [J]. 中国社会科学，2019（12）.

[23] 张达敏 . 大数据技术在环境信息中的应用 [J]. 低碳世界，2019（3）.

[24] 武西锋 . 揭开数据确权的迷纱：关键议题与实践策略——兼评当前数据确权的理论争议焦点 [J]. 当代经济管理，2023（12）.

[25] 邹丽华，冯念慈，程序 . 关于数据确权问题的探讨 [J]. 中国管理信息化，2020，23（17）.

[26] 龙卫球 . 数据新型财产权构建及其体系研究 [J]. 政法论坛，2017，35（4）.

[27] 易宪容，陈颖颖，于伟 . 平台经济的实质及运作机制研究 [J]. 江苏社会科学，2020（6）.

[28] 唐要家 . 数据产权的经济分析 [J]. 社会科学辑刊，2021（1）.

[29] 王渊，黄道丽，杨松儒 . 数据权的权利性质及其归属研究 [J]. 科学管理研究，2017，35（5）.

[30] 黄志，程翔，邓翔 . 数字经济如何影响我国消费型经济增长水平 [J]. 山西财经大学学报，2022，44（4）.

[31] 伦晓波，刘颜 . 数字政府、数字经济与绿色技术创新 [J]. 山西财经大学学报，2022，44（4）.

[32] 杨怀中 ."网络社会"的伦理分析及对策 [J]. 武汉理工大学学报（社会科学版），2001（1）.

[33] 袁俊宇 . 个人信息的民事法律保护——以霍菲尔德权利理论为起点 [J]. 江苏社会科学，2022（2）.

[34] 姜程潇 . 论元宇宙中数据财产权的法律性质 [J]. 东方法学，2023（5）.

[35] 杨志航 . 跨越企业数据财产权的藩篱：数据访问权 [J]. 江西财经大学学报，2023（5）.

[36] 潘军，罗用能 . 勒索病毒事件的科技伦理隐忧与消解 [J]. 长沙理工大学学报（社会科学版），2018（3）.

[37] 张帅领，汤殿华，胡华鹏 . 开放环境下大数据安全开发利用的挑战和思考 [J]. 信息安全与通信保密，2022（5）.

[38] 朱军，曹朋帅 . 隐私计算为掘金大数据保驾护航 [J]. 中国电信业，2022（6）.

[39] 宁振宇，张锋巍，施巍松 . 基于边缘计算的可信执行环境研究 [J]. 计算机研究与发展，2019，56（7）.

[40] 杨瑞仙，李兴芳，王栋，等 . 隐私计算的溯源、现状及展望 [J]. 情报理论与实践，2023，46（7）.

[41] 刘炜，唐琮轲，马杰，等 . 区块链在隐私计算中的应用研究进展 [J]. 郑州大学学报（理学版），2022，54（6）.

[42] 李卫，种法辉 . 区块链隐私计算结合在数据流通领域应用展望 [J]. 中国科技信息，2023（11）.

[43] 尹华容，王惠民 . 隐私计算的行政法规制 [J]. 湖南科技大学学报（社会科学版），2022，25（6）.

[44] 祝阳，李欣恬 . 大数据时代个人数据隐私安全保护的一个分析框架 [J]. 情报杂志，

2021，40（1）.

[45] 张媛媛 . 论数字社会的个人隐私数据保护——基于技术向善的价值导向 [J]. 中国特色社会主义研究，2022（1）.

[46] 柴博悦 . 基于区块链技术的企业数据资产管理模式研究 [J]. 商场现代化，2021（5）.

[47] 武西锋，杜宴林 . 经济正义视角下数据确权原则的建构性阐释 [J]. 武汉大学学报（哲学社会科学版），2022（2）.

[48] 蔡跃洲，马文君 . 数据要素对高质量发展影响与数据流动制约 [J]. 数量经济技术经济研究，2021，38（3）.

[49] 刘雁南，赵传仁 . 数据资产的价值构成、特殊性及多维动态评估框架构建 [J]. 财会通讯，2023（14）.

[50] 段磊 . 商业世界没有"山楂树"[J]. 东方企业文化，2011（3）.

[51] 李伯聪 . 工程的三个"层次"：微观、中观和宏观 [J]. 自然辩证法通讯，2011，33（3）.

[52] 殷瑞钰，李伯聪 . 关于工程本体论的认识 [J]. 自然辩证法研究，2013，29（7）.

[53] 钱学森，于景元，戴汝为 . 一个科学新领域——开放的复杂巨系统及其方法论 [J]. 自然杂志，1990（1）.

[54] 钱学森 . 一个科学新领域——开放的复杂巨系统及其方法论 [J]. 上海理工大学学报，2011（6）.

[55] 陈刚 . 块数据的理论创新与实践探索 [J]. 中国科技论坛，2015（4）.

[56] 刘伟 . 人机融合智能的再思考 [J]. 人工智能，2019（4）.

[57] 韩跃红 . 科学真的无禁区？ [J]. 科学与社会，2005（2）.

[58] 牛俊美 ."科技—伦理生态"与"科技—伦理禁区"[J]. 道德与文明，2009（1）.

[59] 邹成效 . 科学"双刃剑"解读 [J]. 南京师大学报（社会科学版），2005（2）.

[60] 林德宏 ."双刃剑"解读 [J]. 自然辩证法研究，2002（10）.

[61] 钱学森 . 技术科学中的方法论问题 [J]. 自然辩证法研究通讯，1957（1）.

[62] 李伯聪 . 关于方法、工程方法和工程方法论研究的几个问题 [J]. 自然辩证法研究，2014（10）.

[63] 殷瑞钰 . 关于技术创新问题的若干认识 [J]. 中国工程科学，2002，4（9）.

[64] 李伯聪 . 技术三态论 [J]. 自然辩证法通讯，1995（4）.

[65] 李伯聪 . 试论技术和技术学 [J]. 科研管理，1985（2）.

[66] 哈里·柯林斯. 人工智能科学及其批评 [J]. 国外理论动态，2021（4）.

[67] 欧阳日辉，杜青青. 数据估值定价的方法与评估指标 [J]. 数字图书馆论坛，2022（10）.

[68] 潘伟杰，肖连春，詹睿，等. 公共数据和企业数据估值与定价模式研究——基于数据产品交易价格计算器的贵州实践探索 [J]. 价格理论与实践，2023（8）.

[69] 苑秀娥，尚静静. 价值创造视角下互联网企业数据资产估值研究 [J]. 会计之友，2024（6）.

[70] 张青青. 数据资产估值难点探究 [J]. 市场周刊，2024（1）.

[71] 钱冠连. 方法决定结果——两个研究方法评述 [J]. 中国外语，2010（1）.

[72] 侯先荣. 斡件可靠性初探 [J]. 质量与可靠性，1989（6）.

[73] 左晓栋. 顺势而为，发展个人信息保护专业人员（CISP-PIP）资质测评体系 [J]. 中国信息安全，2020（4）.

[74] 余汝成. 中国 AI 芯片产业的突破之道 [J]. 集成电路应用，2024,41（2）.

[75] 郑伟文，栾添，张祥. 超导量子芯片硅穿孔填充技术 [J]. 科技导报，2024（2）.

[76] 潘建红，潘军. 大数据时代个体数据理性化悖论与消解 [J]. 甘肃社会科学，2018（2）.

[77] 陈石磊，王伯鲁. 基于理性主义的“范式”流变考察 [J]. 科学技术哲学研究，2022（1）.

[78] 龙志东. 数聚赋能夯实应急管理信息化基础分析 [J]. 无线互联科技，2021（14）.

[79] 倪彬彬. 数据建模浅析 [J]. 电脑知识与技术，2018（30）.

[80] 王何佳，刘瑞，丁建琪. 数据资产管理中的自动化价值评估与应用 [J]. 中国信息界，2023（6）.

[81] 王杰伟，夏珺峥. 数据资产识别的方法与实践 [J]. 中国信息界，2024（1）.

[82] 殷瑞钰，李伯聪. 工程哲学的兴起与中国学派的开创 [J]. 人民论坛·学术前沿，2023（9）.

[83] 朱葆伟. 开展工程价值论研究的重要意义 [J]. 工程研究——跨学科视野中的工程，2022（1）.

[84] 康宁. 数据确权的技术路径、模式选择与规范建构 [J]. 清华法学，2023（3）.

[85] 王颖. 技术创新对企业价值的影响研究 [J]. 中国市场，2024（9）.

[86] 钱学森. 论技术科学 [J]. 工程研究——跨学科视野中的工程，2010（4）.

三、其他文献

[1] 习近平. 加快构建数据基础制度　加强和改进行政区划工作 [N]. 人民日报，2022-06-23（1）.

[2] 习近平 . 牢牢把握东北的重要使命　奋力谱写东北全面振兴新篇章 [N]. 人民日报，2023-09-10（1）.

[3] 习近平 . 习近平向 2018 中国国际大数据产业博览会致贺信 [N]. 人民日报，2018-05-27（1）.

[4] 郭钇杉 . 2021 年中国隐私计算市场规模超 8.6 亿元 [N]. 中华工商时报，2022-05-09（4）.

[5] 习近平 . 提高防控能力着力防范化解重大风险　保持经济持续健康发展社会大局稳定 [N]. 人民日报，2019-01-22（1）.

[6] 习近平 . 习近平同志《论把握新发展阶段、贯彻新发展理念、构建新发展格局》主要篇目介绍 [N]. 人民日报，2021-08-17（2）.

[7] 潘云鹤 . 人工智能要瞄准学科交叉前沿 [N]. 中国科技报，2020-09-09（3）.

[8] 吴惟熙，陈晓萍 . 互联网企业数据资产估值研究——以人民网为例 [C]// 2023 年财经与管理国际学术论坛 .2023 年财经与管理国际学术论坛文集（二）. 北京：中国国际科技促进会国际院士联合体工作委员会，2023.

[9] 张超 . 实现数据确权与保护，数据密态渐成行业共识 [EB/OL].（2022-05-24）[2024-06-10]. https：//tech.cnr.cn/techph/20220524/t20220524_525836156.shtml.

[10] 刘帅 . 数据建模系统理论方法研究及应用——基于结构化数据的智能建模理论与成果 [D]. 北京：首都经济贸易大学，2022.

[11] 王琎，底亚星 . 数据确权：必要性、复杂性与实现路径 [N]. 光明日报，2024-03-15（理论版）.

[12] 曹军辉 . 马克思主义国家理论范式转换研究 [D]. 成都：电子科技大学，2012.

[13] 国务院 . 国务院关于印发“十四五”数字经济发展规划的通知 [EB/OL].（2022-01-12）[2024-04-14]. https://www.gov.cn/zhengce/zhengceku/2022-01/12/content_5667817.htm.

[14] 马清泉 . 数据资产“入表”，所涉法律合规问题探讨 [EB/OL].（2023-09-04）[2024-04-25]. https：//www.wincon.com.cn/major/14231.html.

[15] 张佳星 . 专家呼吁：发展数字经济需解决数据确权问题 [EB/OL].（2021-12-20）[2024-04-25]. http：//m.stdaily.com/index/kejixinwen/2021-12/20/content_1240338.shtml.

[16] ICHIHASHI S. Non-competing data intermediaries [R]. Staff Working Papers，2020.

[17] DOSIS A，SAND-ZANTMAN W.The ownership of data [J]. TSE Working Papers，2020（9）.

[18] RAO D，KEONG N W. A method to price your information asset in the information market [C]// 2016 IEEE International Congress on Big Data. USA：IEEE，2016.

[19] DESSAUER F. Streit um die technik [M]. Frankfurt：Verlag Josef Knecht，1956.

[20] ZHANG L J. Editorial：Data intelligence in services computing [J]. IEEE Transactions on Services Computing，2010，3（4）.

附　录

为对科学技术哲学视野下数据确权与数据资产管理进行深入的研究，笔者带领研究团队在分工合作的基础上进行田野调查和有针对性的访谈。其中，田野调查的有关社会组织机构如附表 1 所示，访谈提纲如附表 2 所示。

附表 1　田野调查的有关社会组织机构信息

序号	社会组织机构名称	调查收获摘要
1	国家大数据（贵州）综合试验区	数据通用信息的收集
2	多彩贵州网有限责任公司	数据资产管理的讨论
3	云上贵州大数据产业发展有限公司	数据确权、使用、收益的讨论
4	中国振华电子集团有限公司	数据使用与管理信息的收集
5	茅台物联网云商	数据溯源技术的讨论
6	国台智能生产线（贵州国台酒业集团股份有限公司）	数据化生产线的融合发展
7	中国电信集团有限公司贵州分公司	数据储存与安全管理
8	贵州黔亿城网商贸有限公司	收集数据流通有关信息
9	黔南民族师范学院	数据确权与数据资产管理的讨论与交流
10	黔西南商会	数据储存与安全管理
11	超节点创新科技（深圳）有限公司	数据的利用、清洗、加工分析
12	翔创科技（北京）有限公司	数据产品的研发
13	成都云祺科技有限公司	智能终端与数据驱动
14	食品安全与营养（贵州）信息科技公司	数据的融合应用与数据安全

续表

序号	社会组织机构名称	调查收获摘要
15	贵州科学院下属的10余家单位	数据确权、数据资产管理、数据流通等的讨论
16	中国辣椒城（遵义虾子）	数据融合应用与数据价值提炼
17	修文猕猴桃基地	数据融合应用与数据溯源技术
18	清华大学天津电子信息研究院下属的6家单位	数据融合应用与数据驱动
19	大数据国家实验室（贵州）	数据确权与资产管理、区块链和密态技术的讨论
20	武汉理工大学	物联网技术、智能科学、数据确权与数据资产管理、区块链技术和密态技术等的讨论、交流
21	贵州省高校的5家大数据研究机构	数据确权与资产管理、区块链和密态技术的讨论
22	贵阳永青智控科技股份有限公司	数据融合应用与数据驱动
23	贵州数据宝网络科技有限公司	数据融合应用与数据价值提炼

附表2　访谈提纲

序号	访谈提纲的内容
1	物联网技术的具体应用原理
2	数据确权的重要理论支撑与技术支撑、数据产权包括哪些权益
3	确权数据的产权收益安全保障有哪些、是否因技术不足而被盗取数据资源与权益
4	目前国际、国内数据确权的方法，是否有相关申报平台和入口
5	数据确权中的数据资产估值技术有哪些、安全层级如何
6	数据资产管理中的核心技术是什么、如何对数据流通、交易的行为进行溯源管理
7	数据资产管理中的秘密信息如何保护
8	区块链技术、数据密态技术在数据确权与数据资产管理中的核心功能是什么
9	如何实现数据确权与数据资产管理中的数据验证
10	数据“聚、能、用”中有哪些技术和值得注意的事项
11	贵单位有数据处理、融合应用等场景，能否让我们更详尽地知晓
12	请为科技哲学视野下数据确权与数据资产管理研究提出建设性意见或建议

后　记

本书获得国家社会科学基金一般项目“AI时代中国公民道德选择能力定性与定量研究”（项目编号：21BKS165）、贵州省哲学社会科学联合会重点项目“物联网技术下数据确权与数据资产管理研究”（项目编号：GZLCZB-2023-16-1）、贵州省科学技术协会重大项目“贵州实施数字产业强链行动的重难点及抢占发展高地策略研究”（项目编号：GZKX2023ST002）等资助，并得到贵州商学院、贵州铜仁数据职业学院资助和领导、同事们的关心与大力支持，以及学界诸位专家、学者和领导们的大力支持与帮助。我想用最简洁的两个字“感谢”表达心意。

本书的撰写让我既兴奋又不安。兴奋的是这样一个契合数智时代的数据确权与数据资产管理研究让我有了诸多意想不到的收获，如数据的爆发性价值如此强劲，这将给人类的美好生活带来极大的变化与优化。在研究过程中，我学会移动 App 如何用 UI 进行设计与制作的技能，不仅开阔了学术研究视野，而且开发“云康养”，并获得与贵阳康养大学进行多方面合作的机会。令我不安的是这样的数据确权与数据资产管理研究到底是否具有实践应用价值。若只是理论上的研究，对实践没有指导意义，那还是无用的。正是这样的忐忑，我在研究中确实小心又小心、严谨又严谨、努力又努力。我在求学中找问题，在研究问题中找深层原因，在实践中对比深层原因找解决思路，在借鉴文献中结合解决思路找可操作的具体办法。尽管如此，科学技术哲学视野下数据确权与数据资产管理毕竟是一门新的学科，特别是我还只是初学者，在诸多研究上不尽如人意，就草草写下了这本书，因此恳请同行专家、学者批评与斧正。

当然，我希望有更多的专家、学者参与数据确权与数据资产管理交流，共同深入研究，使数据确权与数据资产管理早日真正地落实落地、生根发芽、遍地开花结果，也特别希望有更多文理互嵌式研究，使数据确权与数据资产管理获得全面深刻的认识论、全面的应用实践论，并实现社会收益、造福人民。

最后，我也希望自己今后有更大进步，取得更多新成果，力争在数据确权与数据资产管理研究领域提出更好更能引导人民实现美好生活向往的思想理念。